OUVRAGE PUBLIÉ SOUS LES AUSPICES DU MINISTÈRE DE L'INSTRUCTION PUBLIQUE

SOUS LA DIRECTION DE

L. JOUBIN, Professeur au Muséum d'Histoire Naturelle

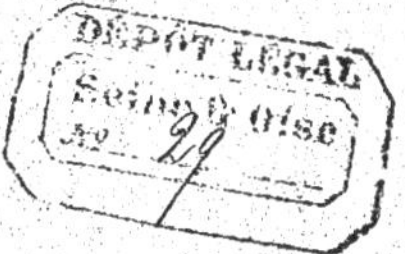

EXPÉDITION
ANTARCTIQUE FRANÇAISE

(1903-1905)

COMMANDÉE PAR LE

Dr Jean CHARCOT

SCIENCES NATURELLES : DOCUMENTS SCIENTIFIQUES

MAMMIFÈRES PINNIPÈDES

PAR

E. L. TROUESSART

Professeur au Muséum d'Histoire Naturelle.

OISEAUX

PAR

A. MENEGAUX

Assistant au Muséum d'Histoire Naturelle.

DOCUMENTS EMBRYOGÉNIQUES
(Oiseaux et Phoques)

PAR

Le Dr ANTHONY

Préparateur au Muséum

PARIS
MASSON ET Cie, ÉDITEURS
120, Boulevard Saint-Germain, 120

1907

EXPÉDITION ANTARCTIQUE FRANÇAISE

(1903-1905)

Fascicules publiés

Décembre 1906

POISSONS......... Par L. VAILLANT.

1 fascicule de 52 pages : 5 fr.

TUNICIERS......... Par SLUITER.

1 fascicule de 50 pages et 5 planches hors texte : 8 fr.

MOLLUSQUES..... **Nudibranches et Marséniadés**, par A. VAYSSIÈRE. — **Céphalopodes**, par L. JOUBIN. — **Gastropodes et Pélécypodes**, par ED. LAMY. — **Amphineures**, par le Dʳ JOH THIELE.

1 fascicule de 90 pages et 6 planches hors texte : 12 fr.

CRUSTACÉS....... **Schizopodes et Décapodes**, par H. COUTIÈRE. — **Isopodes**, par HARRIETT RICHARDSON. — **Amphipodes**, par ED. CHEVREUX. — **Copépodes**, par A. QUIDOR.

1 fascicule de 150 pages et 6 planches hors texte : 20 fr.

ÉCHINODERMES.. **Stellérides, Ophiures et Échinides**, par R. KOEHLER. — **Holothuries**, par C. VANEY.

1 fascicule de 74 pages et 6 planches hors texte : 12 fr.

HYDROIDES....... Par ARMAND BILLARD.

1 fascicule de 20 pages : 2 fr.

Juillet 1907

BOTANIQUE....... **Mousses**, par J. CARDOT. — **Algues**, par J. HARIOT.

1 fascicule de 20 pages : 2 fr.

VERS............. **Annélides polychètes**, par CH. GRAVIER. — **Polyclades et Triclades maricoles**, par PAUL HALLEZ. **Némathelminthes parasites**, par A. RAILLIET et A. HENRY.

1 fascicule de 118 pages, avec 13 planches hors texte : 22 fr.

ARTHROPODES... **Pycnogonides**, par E.-L. BOUVIER. — **Myriapodes**, H. BRÖLEMANN. — **Collemboles**, par Y. CARL. — **Coléoptères**, par PIERRE LESNE. — **Hyménoptères**, par R. DU BUYSSON. — **Diptères**, par E. ROUBAUD. — **Pédiculinés, Mallophages, Ixodidés**, par L.-G NEUMANN. — **Scorpionides**, par EUG. SIMON. — **Acariens marins**, par TROUESSART. — **Acariens terrestres**, par IVAR TRÄGÅRDH.

1 fascicule de 100 pages, avec 3 planches hors texte : 10 fr.

Décembre 1907

Mammifères pinnipèdes, par E. L. TROUESSART. — **Oiseaux**, par A. MENEGAUX. — **Documents embryogéniques** (Oiseaux et Phoques), par le Dʳ ANTHONY.

1 fascicule de 132 pages avec 19 planches hors texte : 24 fr.

Expédition Antarctique Française

(1903-1905)

COMMANDÉE PAR LE

Dᵣ Jean CHARCOT

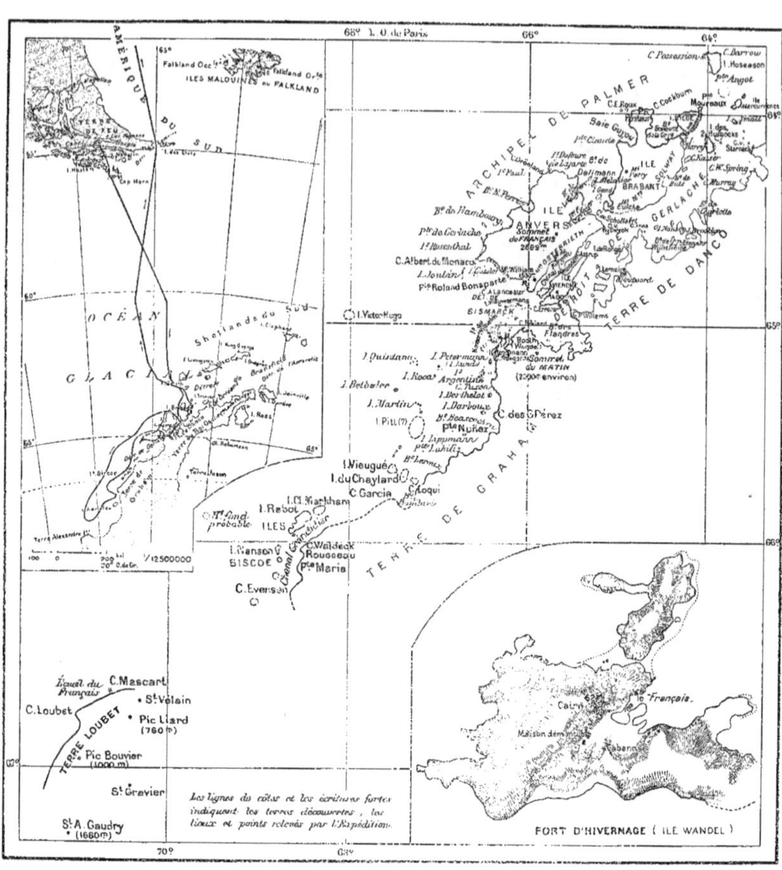

CARTE DES RÉGIONS PARCOURUES ET RELEVÉES

PAR L'EXPÉDITION ANTARCTIQUE FRANÇAISE

Membres de l'État-Major :

Jean CHARCOT — A. MATHA — J. REY — P. PLÉNEAU — J. TURQUET — E. GOURDON

OUVRAGE PUBLIÉ SOUS LES AUSPICES DU MINISTÈRE DE L'INSTRUCTION PUBLIQUE

SOUS LA DIRECTION DE

L. JOUBIN, Professeur au Muséum d'Histoire Naturelle

EXPÉDITION
ANTARCTIQUE FRANÇAISE

(1903-1905)

COMMANDÉE PAR LE

Dr Jean CHARCOT

SCIENCES NATURELLES : DOCUMENTS SCIENTIFIQUES

MAMMIFÈRES PINNIPÈDES

PAR

E. L. TROUESSART
Professeur au Muséum d'Histoire Naturelle.

OISEAUX

PAR

A. MENEGAUX
Assistant au Muséum d'Histoire Naturelle.

DOCUMENTS EMBRYOGÉNIQUES
(Oiseaux et Phoques)

PAR

Le Dr ANTHONY
Préparateur au Muséum

PARIS
MASSON ET Cie, ÉDITEURS
120, Boulevard Saint-Germain, 120

1907

LISTE DES COLLABORATEURS

Les mémoires précédés d'un astérisque sont publiés.

MM.	★ Trouessart	Mammifères.
	★ Menegaux	Oiseaux.
	★ Anthony	Documents embryogéniques.
	★ Vaillant	Poissons.
	★ Sluiter	Tuniciers.
	★ Vayssière	Nudibranches.
	★ Joubin	Céphalopodes.
	★ Lamy	Gastropodes et Pélecypodes.
	★ Thiele	Amphineures.
	★ Brolemann	Myriapodes.
	★ Carl	Collemboles.
	★ Roubaud	Diptères.
	★ Du Buysson	Hyménoptères.
	★ Lesne	Coléoptères.
	★ Trouessart et Ivar Trägårdh	Acariens.
	★ Neumann	Pédiculines, Mallophages, Ixodidés.
	★ Simon	Scorpionides.
	★ Bouvier	Pycnogonides.
	★ Coutière	Crustacés Schizopodes et Décapodes.
Mlle	★ Richardson	Isopodes.
MM.	★ Chevreux	Amphipodes.
	★ Quidor	Copépodes.
	Œhlert	Brachiopodes.
	Calvet	Bryozoaires.
	★ Gravier	Polychètes.
	Hérubel	Géphyriens.
	Jägerskiöld	Nématodes libres.
	★ Railliet et Henry	Némathelminthes parasites.
	Blanchard	Cestodes.
	Guiart	Trématodes.
	Joubin	Némertiens.
	★ Hallez	Polyclades et Triclades maricoles.
	Ed. Perrier	Crinoïdes.
	★ Kœhler	Stellérides, Ophiures et Echinides.
	★ Vaney	Holothuries.
	Roule	Alcyonaires.
	Bedot	Siphonophores.
	O. Maas	Méduses.
	★ Billard	Hydroïdes.
	Topsent	Spongiaires.
	Turquet	Phanérogames.
	★ Cardot	Mousses.
	★ Hariot	Algues.
	Petit	Diatomées.
	Gourdon	Géologie, Minéralogie, Glaciologie.

Mlle Trislinsky, MM. Weinsberg, Charcot. *Bactériologie.*

MAMMIFÈRES PINNIPÈDES

Par E.-L. TROUESSART

PROFESSEUR AU MUSÉUM D'HISTOIRE NATURELLE DE PARIS

La faune des Mammifères terrestres (1) n'est représentée sur l'Antarctique que par quatre espèces de Pinnipèdes, appartenant à la famille des *Phocidæ*, ou Phoques proprement dits.

Cependant, à une époque très rapprochée de nous, une cinquième espèce très remarquable, le MACRORHINE, ou « Éléphant marin » (*Macrorhinus leoninus* L.) se montrait également sur les terres antarctiques. Comme l'espèce n'est pas éteinte et qu'elle se trouve encore sur les îles qui forment la limite septentrionale de l'Océan Antarctique, il n'est pas impossible qu'elle revienne quelque jour vers les glaces du Continent Austral, d'où la poursuite acharnée des pêcheurs de Phoques l'a chassée. J'en dirai donc quelques mots avant d'aborder l'étude des autres espèces.

Quant aux Otaries (*Arctocephalus australis* Zimmermann), qui, au XIX⁰ siècle, se montraient encore par milliers sur les côtes de la Géorgie du Sud et de l'archipel des Shetland Australes, elles ont complètement disparu depuis plus d'un quart de siècle ; l'espèce ne dépasse plus, dans ses migrations vers le sud, les parages du cap Horn. D'après J.-A. ALLEN (2), c'est vers 1800 que la chasse de ces « Phoques à fourrure » (*Fur Seals* des Anglais), poursuivie avec un acharnement sans scrupules par les baleiniers américains, fut surtout fructueuse. Dans une seule campagne (1800-1801), 112 000 peaux de ces animaux furent récoltées,

---

(1) L'Expédition Charcot n'ayant rapporté aucune espèce de Cétacés, il n'y a pas lieu d'en parler ici.

(2) J.-A. ALLEN, *in* JORDAN, *The Fur Seals and Fur Seal Islands*, vol. III, 1899, p. 207.

et, dans les années qui suivirent, 1 200 000 Otaries furent tuées. Dès 1822, la colonie (*rookery*) de la Géorgie du Sud semblait exterminée. Il en était à peu près de même aux Shetland du Sud, où, d'après WEDDELL, plus de 300 000 de ces animaux avaient été tués en 1820 et 1821.

Cependant, les massacres ayant cessé, faute d'un profit suffisant, les Otaries purent se reproduire tranquillement, et bientôt les chasseurs revinrent. En 1874, 1 450 peaux furent préparées et l'année suivante 600. En 1892, on put encore tuer 135 de ces animaux, mais il semble à peu près certain que ce furent les derniers. En 1905, un baleinier chilien fit tout le tour de la Géorgie du Sud, en visitant toutes les baies et les entailles de la côte, dans l'espoir de découvrir quelques Phoques à fourrure ; mais ce fut en vain : la colonie était définitivement exterminée (1).

Ceci nous amène à jeter un coup d'œil général sur la distribution géographique des Phoques et des Otaries dans l'hémisphère austral.

Distribution géographique des Pinnipèdes dans l'Océan Antarctique. — D'après les géographes, l'Océan Glacial du Sud se confond, sans limites précises vers le nord, avec les trois Océans Atlantique, Pacifique et Indien. Cette opinion n'est pas celle des naturalistes, qui estiment que l'on peut fixer cette limite vers le 50° de latitude sud, point où l'on rencontre encore, chaque année, des glaces flottantes. Cette limite est en outre indiquée par la chaîne des îles échelonnées dans le sens des parallèles, notamment au sud de l'Océan Indien, entre l'Afrique et l'Australie, — îles Crozet, du Prince-Édouard, Heard, Kerguelen, etc., — et qui semblent marquer le bord septentrional de l'Océan Antarctique. Plus à l'est, les îles Macquarie et Auckland, au sud de la Nouvelle-Zélande, — à l'ouest, l'île des États et les autres archipels qui entourent le cap Horn, indiquent la même limite. La distribution géographique des organismes marins et particulièrement celle des Pinnipèdes légitiment cette manière de voir.

Ceci établi, il est à remarquer que l'Otarie et le Macrorhine, qui naguère pénétraient jusqu'au sud de l'Océan Antarctique, ne dépassent

(1) E. LONNBERG, Contributions to the Fauna of South Georgia, Vertebrates (*K. Svenska Vetensk.-Akad. Handlingar*, vol. XL, n° 5, 1906, p. 9).

plus, à l'époque actuelle, cette ligne d'îles qui jalonnent le bord septentrional de l'Océan Austral. Mais on sait que ces animaux, et particulièrement les Otaries, accomplissent des migrations annuelles.

Ils ne viennent sur ces îles, qui sont leurs *rookeries*, que pour s'y reproduire pendant le court été de ces régions australes. Le reste de l'année, ils mènent une vie vagabonde sur l'océan, et ces migrations, plus ou moins étendues, les entraînent vers le nord, jusque sur des points éloignés souvent de 10 ou 20° de latitude du rivage où ils sont nés et que l'on doit considérer comme leur véritable patrie. C'est ainsi que l'on peut indiquer, pour la plupart des espèces, une limite septentrionale et une limite méridionale à la répartition géographique, cette dernière étant toujours le point où l'espèce se reproduit pendant l'été, l'autre n'étant pour elle qu'un lieu de repos pendant l'hiver (1).

Ainsi l'Otarie (*Arctocephalus australis* Zimmermann), qui, comme nous l'avons déjà dit, se reproduisait naguère sur les rochers de la Géorgie du Sud et des Shetland Australes, ne s'y montre plus. Mais on trouve encore ses *rookeries* sur les récifs qui entourent le cap Horn et la Terre de Feu, à l'île des États et aux îles Falkland, où l'espèce se reproduit pendant la saison chaude, qui, dans l'hémisphère austral, correspond à nos mois d'hiver. Lorsque les jeunes sont élevés, l'espèce se répand sur les côtes orientale et occidentale de l'Amérique du Sud, remontant dans l'Atlantique jusqu'à la baie de Rio-de-Janeiro, dans le Pacifique jusqu'aux îles Gallapagos et Juan-Fernandez.

L'Otarie à crinière (2), ou « Lion marin » des anciens navigateurs (*Otaria byronia* Blainville), a presque la même répartition, sauf qu'elle ne s'est jamais rencontrée sur les terres antarctiques. Elle se reproduit sur les archipels voisins de la Terre de Feu, notamment à l'île des États et à l'île du Nouvel-An, aux îles de Falkland, et remonte pendant l'hiver jusqu'au rio de la Plata ; dans le Pacifique, elle se reproduit sur les côtes du territoire de Magellan, d'où elle remonte sur les côtes du Chili et du

---

(1) On sait que le sens de la migration est renversé pour les Pinnipèdes de l'hémisphère nord, le lieu de la reproduction étant toujours le point le plus septentrional où parvienne chaque espèce.

(2) Cette prétendue crinière est formée de poils raides et couchés, nullement comparables à la crinière du Lion.

Pérou jusqu'aux îles Gallapagos et probablement aussi à Masa-Fuero et Juan-Fernandez.

Les Otaries de l'hémisphère oriental opèrent des migrations du même genre.

Le Macrorhine, ou « Éléphant marin » (*Macrorhinus leoninus* L.), qui appartient à la famille des *Phocidæ*, présente une distribution géographique beaucoup plus étendue, — de l'est à l'ouest et de l'ouest à l'est dans l'hémisphère austral, — et l'espèce n'est pas soumise à des migrations régulières comme celles des Otaries.

Nous avons dit que le Macrorhine ne se montrait plus sur les terres antarctiques. Il paraît également exterminé sur les côtes du Chili. A l'époque du voyage de James Ross (1839), on le trouvait, bien qu'en petit nombre, sur la banquise antarctique, par 65° de latitude australe, et plus au nord, sur l'archipel Palmer et la Terre Louis-Philippe. L'espèce existe encore à la Géorgie du Sud, aux Shetland Australes et sur les îles de l'archipel Fuégien, notamment à l'île des États, ainsi qu'aux îles Falkland. Dans l'Océan Pacifique, le Macrorhine se trouve à Juan-Fernandez et à Masa-Fuero. Dans l'Atlantique, il remonte jusqu'à Tristan-d'Acunha et à l'île Inaccessible, qui en est voisine. Dans l'Océan Indien, on le trouve aux îles Heard, Crozet et Kerguelen, et plus à l'est encore sur les îles du détroit de Bass (îles Hunter, King, etc.), mais non sur les continents de la Tasmanie et de l'Australie ; enfin sur les côtes de la Nouvelle-Zélande.

On sait que les Macrorhines des côtes de Californie appartiennent à une espèce distincte (*Macrorhinus angustirostris* Gill).

Le Macrorhine des mers du Sud a été observé récemment (1904), à la Géorgie du Sud, par le naturaliste suédois ERIK SORLING, qui a pu étudier ses mœurs et en rapporter de bonnes photographies (1). La taille des mâles paraît avoir été exagérée par les anciens navigateurs : elle dépasse rarement $5^m,50$ (2), ce qui est déjà considérable, surtout relativement à la taille des femelles, qui n'est que de $3^m,10$. On trouve ordinairement chaque mâle adulte avec une seule femelle ; à l'approche de l'homme,

---

(1) LONNBERG, *loc. cit.*, 1906, p. 9, fig. 1, p. 12, et Pl. III et IV.
(2) Au lieu de 8 à 10 mètres, comme le dit Péron (*Voy. aux Terres Australes*, II, p. 33).

qui ne semble pas les émouvoir beaucoup, à moins que celui-ci ne les attaque ouvertement, ils ont la singulière habitude de s'accoupler aux yeux du visiteur, comme pour affirmer leurs droits conjugaux. La légende qui prétend « qu'un seul mâle suffit à *cent* femelles » (1) est donc probablement apocryphe. Les baleiniers américains, qui visitent périodiquement Kerguelen, recherchant surtout les vieux mâles à cause de l'énorme quantité d'huile que chacun d'eux fournit, l'ont probablement inventée de peur qu'on ne leur interdise de tuer ces reproducteurs. Ce qui est certain, c'est qu'on n'a jamais vu ces vieux mâles entourés de plus de sept ou huit femelles avec leurs petits, les jeunes mâles faisant bande à part.

Les véritables Phoques (de la sous-famille des *Monachinæ*), au nombre de quatre espèces, sont, comme nous l'avons dit, à l'époque actuelle, les seuls Pinnipèdes que l'on rencontre sur les terres antarctiques.

Leur distribution géographique s'étend, en longitude, sur tout le pourtour de la banquise australe ; mais trois de ces espèces se retrouvent sur les terres qui forment la limite septentrionale de l'Océan Antarctique, et, sous cette latitude, leur répartition est beaucoup plus localisée. Elles doivent y être considérées comme *accidentelles*, car elles ne s'y reproduisent pas.

Ainsi le *Lobodon carcinophaga* (Hombr. et Jacq.) se trouve sur les côtes de l'Amérique méridionale, remontant jusqu'à la République Argentine (Puerto-de-Ensenada, San-Isidro) : il se rencontre aussi en Patagonie, notamment au rio Santa-Cruz. On le signale aussi sur les côtes d'Australie comme très accidentel.

Le *Leptonychotes Weddelli* (Lesson) se montre également sur les côtes de la Patagonie Orientale, au rio Santa-Cruz ; mais il pénètre aussi dans le Pacifique, où on le signale à l'île de La Mocha (Chili), à Juan-Fernandez, et beaucoup plus à l'ouest, dans l'Océan Indien, sur les îles Kerguelen et Heard. Un seul individu a été pris sur les côtes de la Nouvelle-Zélande.

Enfin l'*Hydrurga* (2) *leptonyx* (Blainville) se trouve sur les côtes de la Nouvelle-Zélande, à l'île de Lord-Howe, sur les côtes de la Tasmanie et

---

(1) René-E. Boissière, *Nouvelle notice sur les îles Kerguelen*, 1907, p. 29. — La phrase est ambiguë ou mal traduite : elle peut vouloir dire simplement que l'on ne trouve qu'un seul mâle contre cent femelles.

(2) J'indiquerai plus loin les raisons pour lesquelles on doit donner à ce nom la préférence sur *Stenorhynchus* et *Ogmorhinus*.

de l'Australie méridionale, peut-être aussi à Kerguelen (bien qu'il semble y avoir été confondu avec l'espèce précédente), enfin au sud de l'Amérique méridionale, sur l'archipel Fuégien, aux îles Falkland et sur les côtes de la Patagonie.

L'*Ommatophoca Rossi* Gray est la seule espèce qui soit confinée dans le voisinage des terres antarctiques.

Pendant longtemps, on a cru que cette dernière espèce était celle qui s'avançait le plus vers le sud : James Ross l'avait signalée par 68°28′ de latitude australe, au sud de la Terre Victoria (1). On sait aujourd'hui que le *Leptonychotes Weddelli* s'avance plus au sud encore, jusqu'à Mac-Murdo Sound, par 77°50′ de latitude australe ; il y vit sous la banquise, ne venant respirer que par les trous qu'il perce en agrandissant les fentes de la glace.

Chacune de ces espèces de Phoques a ses mœurs particulières. L'*Omma-tophoca* semble le plus rare de tous. L'*Hydrurga leptonyx* est un peu moins rare, mais il vit dispersé, ne se montrant jamais en bande comme le *Leptonychotes* et le *Lobodon*. Ces deux dernières espèces sont les seules que l'on trouve en grand nombre sur les bancs de glace, où elles ne se font pas concurrence, la première vivant de Poissons, l'autre de Crustacés. Le *Lobodon* s'éloigne peu de la mer libre : on ne le trouve jamais à plus de 1 ou 2 milles du bord de la banquise. Le *Leptonychotes*, au contraire, s'avance assez loin sous cette banquise pour chasser les Poissons dont il se nourrit, sachant, comme nous l'avons dit, se creuser, de distance en distance, des trous ou cheminées, qui lui permettent de venir respirer ou se reposer à l'air libre.

Les quatre espèces se reproduisent sur la banquise antarctique, ou sur les glaces flottantes, et, comme la durée de la gestation est de près d'une année (onze mois), on doit admettre qu'elles ne se reproduisent pas ailleurs, à moins de supposer que les colonies (*rookeries*) du nord ne soient complètement distinctes de celles des terres antarctiques. Ce sont probablement les glaces flottantes qui entraînent ces animaux vers le nord.

(1) J. Ross, *Narrative*, etc., p. 181.

Après avoir décrit chaque espèce, nous donnons des détails plus précis sur les mœurs qui lui sont propres.

ORDRE DES *PINNIPÈDES*

Famille des *PHOCIDÆ*.

Sous-famille des **MONACHINÆ**.

Cette sous-famille a pour type le « Phoque moine » (*Monachus albiventer* Bodd.) de la Méditerranée. On rapporte généralement à ce groupe les quatre genres de la faune antarctique, mais, comme l'a fait remarquer le D' E.-A. Wilson, le genre *Ommatophoca*, en raison de ses caractères, serait peut-être mieux placé dans la sous-famille des *Cystophorinæ*. Plusieurs naturalistes, notamment le D' Wilson, font des quatre genres antarctiques une sous-famille à part sous le nom de *Stenorhynchinæ* (qu'il faudrait changer en *Hydrurginæ*).

Dentition. — La formule dentaire dans les quatre genres est la suivante :

$$\text{I. } \frac{2}{2}\text{, C. } \frac{1}{1}\text{, P. } \frac{4}{4}\text{, M. } \frac{1}{1} \times 2 = 32 \text{ dents.}$$

Mais, si le nombre des dents est identique, leur forme et leur force varient considérablement d'un genre à l'autre et donnent l'explication du régime alimentaire très différent qui caractérise chaque espèce.

Chez *Lobodon*, la couronne des molaires est allongée, comprimée et très compliquée ; elle porte un lobe principal recourbé en arrière, épais, plutôt bulbeux que pointu, et des lobes accessoires moins élevés, savoir un en avant du lobe principal et deux ou trois, décroissant de taille, en arrière de celui-ci. Cette disposition est éminemment favorable pour briser la carapace des Crustacés dont ces Phoques se nourrissent.

Chez *Leptonychotes*, les molaires sont petites ; leur couronne est simple, conique, un peu comprimée avec un large cingulum et dépourvue de lobes accessoires. L'animal se nourrit de Poissons, qu'il avale sans mâcher, comme les Phoques du nord et les Otaries.

Chez *Hydrurga* (*Ogmorhinus* des auteurs), la couronne des molaires porte trois lobes pointus, dont le médian est plus fort et plus élevé que les autres, avec sa pointe un peu recourbée en arrière; les lobes accessoires, antérieur et postérieur, sont égaux et ont leur pointe recourbée vers le lobe médian. Le « Léopard de mer », type de ce genre, se nourrit surtout de Céphalopodes, dont on trouve les becs dans son estomac; mais il s'attaque aussi aux Oiseaux qu'il peut surprendre lorsqu'ils nagent à la surface de la mer. C'est le plus carnivore des Phoques antarctiques.

Enfin l'*Ommatophoca* a toutes les dents petites, à couronne peu élevée, les molaires pourvues de trois lobes, dont l'antérieur et le postérieur ont de la tendance à se fondre avec le lobe médian, qui est le plus fort et dont la pointe est recourbée en arrière. Le nombre et la forme des molaires sont très variables par suite d'atrophies partielles, qui peuvent même embrasser toute la dentition, au moins chez les individus âgés. Ce Phoque se nourrit de Céphalopodes, comme l'espèce précédente (1).

Genre LOBODON Gray, 1844.

LOBODON CARCINOPHAGUS Gray.

Le Phoque crabier.

1842. *Phoca carcinophaga* Jacquinot et Pucheran, *Atlas zoologique du Voy. au Pôle Sud*, Pl. XX*a*.
1844. *Lobodon carcinophagus* J.-E. Gray, *Zool. Voy.* « *Erebus* » *and* « *Terror* », I, *Mamm.*, p. 5-6, Pl. I et II.
1901. *Lobodon carcinophagus* Barret-Hamilton, *Expéd. Antarct. belge de la* « *Belgica* », *Seals*, p. 12.
1902. *Lobodon carcinophagus* Barret-Hamilton, *Rep.* « *Southern Cross* » *Coll.*, p. 35, Pl. IV, V.
1905. *Lobodon carcinophaga* K.-A. Andersson, *Wiss. Ergebn. der Schwed. sud-polar. Exped.*, Bd. V, Heft 2, p. 13-16.
1906. *Lobodon carcinophagus* Brown, Mossman and Pirie, *Voy.* « *Scotia* », p. 122.
1907. *Lobodon carcinophagus* Wilson, *National Antarctic Expedition of the* « *Discovery* », *Natural History*, II, *Zoologie*, p. 31, fig. 23, 24.

MATÉRIAUX (2).

N° 1. Peau plate, ♂ (2^m,26), plage de l'île Wandel (10 novembre 1904).

(1) La caisse contenant les crânes des Phoques rapportés par l'Expédition Charcot ayant été perdue, je me bornerai à ces considérations générales sur la dentition. — Quant aux peaux, conservées dans le sel, le rétrécissement que la plupart ont subi par suite de cette préparation laisse quelques doutes sur la détermination spécifique de plusieurs d'entre elles, appartenant à de jeunes individus.

(2) Les dimensions, prises sur l'animal en chair par le Dr Turquet, sont données sans la queue, qui a de 8 à 10 centimètres.

N° 2. Peau plate, jeune (1ᵐ,92?), plage de l'île Wandel (10 novembre 1904).
N° 3. Peau plate, ♀ (2ᵐ,20), banquise de l'île Wandel (15 novembre 1904).
N° 4. Peau plate, ♀ (2ᵐ,19), banquise de l'île Wandel (20 novembre 1904).
N° 9. Peau plate, ♀ (2ᵐ,19), glaces de l'île Wandel (15 décembre 1904).
N° 10. Peau plate, ♀ (1ᵐ,95), banquise de l'île Wandel (15 décembre 1904).

DISTRIBUTION. — Cette espèce est probablement circumpolaire dans l'Antarctique. C'est la plus commune des quatre; elle a été rencontrée par toutes les expéditions récentes depuis la « Belgica » jusqu'à la « Discovery »

Fig. 1. — Phoque crabier (*Lobodon carcinophagus*), tête vue de profil et de dos.

et le « Français ». Elle pénètre au sud jusqu'à Mac-Murdo Sound (77° 50′ de latitude sud), c'est-à-dire jusqu'au point où s'arrête la mer libre vers le pôle, et on la trouve d'ordinaire sur les glaces flottantes ou sur le bord de la banquise, dont elle ne s'éloigne jamais beaucoup. Au Nord, nous avons vu qu'elle prolonge ses migrations jusqu'à 34° 28′ (San-Isidro, près Buenos-Ayres).

DESCRIPTION. — De tous les Phoques de l'Antarctique, le Lobodon carcinophage est celui qui ressemble le plus aux Phoques du nord par sa forme générale et les proportions de ses différentes parties. La tête est très allongée, le nez saillant et le cou distinct, mais non plus étroit que le crâne, comme c'est le cas chez *Hydrurga leptonyx*. Le corps est passablement élancé, fusiforme, sans être renflé au milieu comme celui de *Leptonychotes Weddelli*. En définitive, c'est le mieux proportionné et, à terre, le plus actif des trois Phoques que je viens de citer.

PELAGE. — L'adulte est d'ordinaire d'un blanc pelucheux, argenté ou tirant sur la teinte crème ; mais on constate des variations de couleur qui paraissent tenir à l'âge et non au sexe ou au changement des saisons (1).

Le jeune, à sa naissance, est blanc comme l'adulte (RACOVITZA), avec cette différence que son pelage est laineux et beaucoup plus long que celui de ses parents, comme c'est d'ailleurs la règle chez les Phoques. Mais bientôt cette livrée blanche tombe, et, lorsque le jeune va à la mer, son pelage est beaucoup plus foncé. On peut s'en faire une idée en examinant la peau du n° 2, tué le 10 Novembre 1904. Le pelage est gris de fer avec des taches d'un blanc-crème sur les flancs, ce qui avait fait supposer tout d'abord aux chasseurs du « Français » qu'il s'agissait d'un Phoque de Weddell. En réalité, c'est un adulte jeune du Phoque crabier.

« L'adulte jeune, dit E.-A. WILSON (2), lorsqu'il vient de terminer sa mue (en janvier-février), est un très bel animal, dont le pelage est argenté, gris et non blanc, et les taches qui se montrent d'ordinaire sur les flancs, à la racine des membres et sur les côtés de la tête, sont d'un beau brun-chocolat... »

Ces taches sont très variables, même immédiatement après la mue, alors qu'elles ne sont pas encore altérées par le temps. « D'ordinaire, les poils sont d'un gris brun soyeux, plus foncé sur le milieu du dos, d'un blanc argenté sous le ventre, et annelés d'un brun chaud. On peut dire que la couleur du fond du pelage est un brun foncé relevé par des taches ovales d'un gris argenté si profuses qu'elles sont confluentes sur tout le corps, sauf sur les flancs, les épaules, les côtés du dessus du cou et de la tête, et d'une façon très variable sur le reste du corps. » Quelquefois ces taches ne sont pas confluentes, et alors le pelage est très régulièrement et très élégamment tacheté.

Chez les individus qui portent des taches plus rares, ces taches se montrent de préférence à la base des pattes antérieures et postérieures (3).

(1) La teinte jaunâtre des peaux que l'on voit dans les musées tient à l'absorption de la graisse par la peau pendant la dessiccation.

(2) Voy., dans « *Southern Cross* » *Collections* (1902), les Planches coloriées IV et V, où ces variations de pelage ont été figurées par E.-A. Wilson. La figure 1 de la Planche V représente le pelage *fané* d'un jeune mâle ; la figure 2 montre le commencement de la mue, et la figure 3 le nouveau pelage foncé complètement développé.

(3) *National Antarctic Expedition*, II, p. 37.

La couleur du pelage se fane pendant les mois d'hiver et plus rapidement encore pendant l'été. C'est un véritable *blanchiment*, tout à fait comparable à celui que présentent la plupart des Mammifères arctiques, tels que l'Hermine, le Renard polaire, etc. Le pelage passe ainsi au blanc-crème, et les taches foncées des membres s'effacent peu à peu en prenant une teinte fauve pâle, à peine distincte. C'est sous cette apparence que le *Lobodon* a pu être désigné sous le nom « Phoque blanc antarctique ».

Ce pelage est celui de l'été ; en Janvier, l'animal mue pour reprendre le pelage d'un brun foncé que nous avons décrit ci-dessus.

A mesure que l'animal prend de l'âge, surtout chez les vieux mâles, le pelage tend à devenir de plus en plus pâle, et, chez les individus âgés, les teintes brunes ne se montrent plus, même immédiatement après la mue. Au microscope, les poils des très vieux mâles ne contiennent plus de granules de pigment.

Ce pelage, sauf chez le nouveau-né, est très court; les poils ne dépassent pas 15 millimètres de longueur totale. L'animal n'est protégé contre le froid que par l'épaisse couche de graisse que l'on trouve sous la peau.

Mœurs. — On peut dire que le *Lobodon* est le plus migrateur des Phoques antarctiques, en ce sens que c'est celui qui paraît s'éloigner le plus volontiers du rivage ou de la banquise, comme l'indique sa présence sur les bancs de glace détachés de cette banquise. Il a besoin de la mer ouverte pour trouver sa nourriture de Crustacés du genre *Euphausia*.

Les jeunes doivent naître à la même époque que ceux des autres Phoques antarctiques, c'est-à-dire en septembre-octobre. Le Dr Racovitza, qui a hiverné dans les glaces, est le seul qui ait pu voir un jeune dans sa livrée du premier âge, les autres expéditions n'étant parvenues dans ces parages que lorsque les jeunes s'étaient déjà dépouillés de cette livrée. « Au moment de sa naissance, dit Racovitza, le petit a déjà une taille considérable ($1^m,15$) ; il possède déjà des dents et des yeux parfaitement fonctionnels et même une couche de graisse sous-cutanée efficace pour le protéger du froid. Il peut donc immédiatement se tirer d'affaire tout seul; aussi la mère l'abandonne-t-elle après l'avoir allaité seulement deux ou trois jours. » Il est probable que la mise-bas a lieu dans la mer libre, sur les bancs de glace.

Les adultes se montrent sur ces bancs dès que l'état de la mer permet aux navires de s'avancer au milieu des glaces flottantes. On les trouve d'ordinaire par petites bandes de cinq à six individus, ou plus, des deux sexes, plus rarement par couples ou isolés, couchés tantôt sur le ventre, tantôt sur le dos. Sur la banquise ou la terre ferme, ils ne s'éloignent jamais à plus de 1 mille ou 2 de la mer libre, tandis que le Phoque de Weddell est aussi abondant à 5 ou 10 milles du bord de la banquise qu'à une faible distance de la mer.

La raison de cette habitude, c'est que le Phoque crabier se nourrit d'*Euphausia*, petits Crustacés Schizopodes qui forment de véritables bancs dans la mer libre et qui s'avancent rarement sous la glace ; les Phoques nagent au milieu de ces bancs la gueule ouverte et avalent les Crustacés par centaines, à la manière des Baleines.

La disposition des tubercules des molaires est telle qu'en rapprochant ses mâchoires l'animal forme un véritable crible qui permet à l'eau de s'échapper, tout en retenant les particules solides. On trouve dans son estomac du sable, qu'il avale en même temps que les Crustacés, et qui sert probablement à broyer la carapace de ces animaux au lieu et place des molaires modifiées pour un tout autre usage.

Le Phoque crabier est beaucoup plus remuant et moins endurant que le Phoque de Weddell. A l'approche de l'homme ou des chiens, il se précipite à leur rencontre, ouvrant une large gueule armée de fortes dents et poussant un cri rauque ; puis, dès qu'on le laisse tranquille, il s'empresse de gagner le trou le plus proche et plonge sous la glace. En s'enfuyant, il tient la tête redressée et se sert alternativement de ses nageoires antérieures, comme un véritable quadrupède, bien que les postérieures restent inactives. Il progresse ainsi rapidement d'un mouvement sinueux qui rappelle celui d'un serpent, s'aidant en outre d'une sorte de reptation qui consiste à appuyer successivement sur le sol la poitrine et le bassin, mouvement que l'on observe également chez le Phoque de Weddell. Dans la mer, ses mouvements sont encore plus rapides.

La peau des Phoques de l'Antarctique présente très souvent des cica-

trices en forme de balafres, dont l'origine a été diversement expliquée.
Ces balafres sont très fréquentes chez le *Lobodon*. E.-A. Wilson, d'après la
position et la forme de celles qu'il a observées, les attribue à la morsure
des Orques (*Orca gladiator*), grands Dauphins très communs dans la mer
Antarctique et qui sont capables d'avaler un Phoque entier d'un seul coup.

Fig. 2. — Phoque crabier respirant à son trou, percé dans la jeune glace
(d'après une photographie du Dr Charcot).

Mais, lorsque ces balafres sont isolées, il est difficile de les attribuer aux
blessures produites par une double rangée de dents, telles que celles des
Orques. Le Dr Charcot, qui a étudié cette question sur l'animal fraîchement tué, pense que les mâles peuvent produire ces balafres avec l'ongle
saillant de leurs nageoires antérieures, au cours des combats qu'ils se
livrent pour la possession des femelles. Il est probable que, selon les
cas, ces deux explications sont également exactes, mais E.-A. Wilson a
constaté que ces balafres traversent toute la couche de graisse, épaisse de
plusieurs pouces, et arrivent jusqu'aux muscles.

Genre LEPTONYCHOTES Gill, 1872.

(*Leptonyx* Gray, 1836, *nec* Swainson, 1826.)

LEPTONYCHOTES WEDDELLI (Lesson).

Le Phoque de Weddell.

1826. *Otaria Weddelli* Lesson, *in* Ferussac, *Bull. des Sc. Natur.*, VII, p. 437.
1880. *Leptonychotes Weddelli* Allen, *North-Amer. Pinnipedes*, p. 467.
1901. *Leptonychotes Weddelli* Barret-Hamilton, *Exp. Antarct. Belge, Seals*, p. 17.

1902.   *Leptonychotes Weddelli* Barret-Hamilton, *Rep. Mamm.* « *Southern Cross* » *Coll.*,
      1902, p. 17, 69, Pl. II.
1905.   *Leptonychotes Weddelli* Andersson, *Wiss. Ergeb. Schwed. Südpol. Exp.*, V, 2,
      p. 3.
1906.   *Leptonychotes Weddelli* Brown, Mossman and Pirie, *Voy.* « *Scotia* », p. 129, 227,
      340.
1907.   *Leptonychotes Weddelli* Wilson, *National Antarctic Exped. (of the* « *Disco-
      very* »), *Natur. Hist.*, II, p. 10, Pl. I à III.

MATÉRIAUX.

N° 0. Spécimen monté (avec son crâne dans la peau) de 2ᵐ,50, ayant figuré à l'Exposi-
tion maritime de Bordeaux, en 1907 (offert par M. Gourdon, naturaliste de l'Expédition,
au Muséum de Paris).
N° 6. Peau plate, ♀ (1ᵐ,88). Banquise, île Wandel, 30 novembre 1904.
N° 7. Peau plate, ♀ (1ᵐ,93). Rivage, île Wandel, 30 novembre 1904.
N° 8. Peau plate, ♂ (2ᵐ,14). Île Wandel, 9 décembre 1904.

Distribution. — Après le *Lobodon*, c'est l'espèce qui semble la plus
commune dans l'Antarctique. A la Terre Victoria, il s'étend, en été,
jusqu'à Mac-Murdo Sound, sur les bancs de glace, par troupes plus ou
moins nombreuses, mais dont les individus sont toujours dispersés, jamais
serrés les uns contre les autres. Lorsque l'hiver ferme ce détroit, on les
trouve dans la même position sur la banquise. A la Terre de Graham et
à l'archipel Palmer, les mœurs sont semblables. L'espèce a été récemment
signalée aux Orcades du Sud (*South Orkneys*), à la Terre Louis-Philippe
et à la Terre de l'Empereur-Guillaume (*Kaiser Wilhelm's Land*) ; plus
anciennement Wilkes et Dumont d'Urville l'ont rencontrée à la Terre
d'Adélie. Il est probable qu'elle n'émigre pas. Nous avons indiqué précé-
demment les points où on la trouve plus au nord : sa présence à Kerguelen
demande confirmation, l'espèce signalée par Moseley sur ce point restant
douteuse.

Description. — Avec son long corps fusiforme, sa petite tête et les taches
de son pelage, le Phoque de Weddell ressemble de loin à une énorme
sangsue. La tête est surtout remarquablement petite pour un animal de
cette taille, le cou étant beaucoup plus gros, de telle sorte que, sur
l'animal en chair, on ne voit pas où finit le cou et où commence le crâne.
Le museau est plus élargi que celui du *Lobodon* et tronqué.

Pelage. — A sa naissance, le jeune est couvert d'une épaisse toison
laineuse d'un gris brun, présentant à peine quelques taches vaguement

indiquées. Cette livrée est formée de deux sortes de poils, les uns longs de 2^{cm},8, fins et presque droits ; les autres courts, fins et très frisés, si bien que, sur un poil de 1^{cm},7 de long, on ne trouve pas moins de huit à dix ondulations. Ce pelage est usé au bout de la première quinzaine et semble alors plus court et moins laineux, présentant quelques taches qui rappellent celles de l'adulte. Ce changement est dû surtout à la croissance rapide du jeune. A la fin de cette période, la mue commence ; le poil

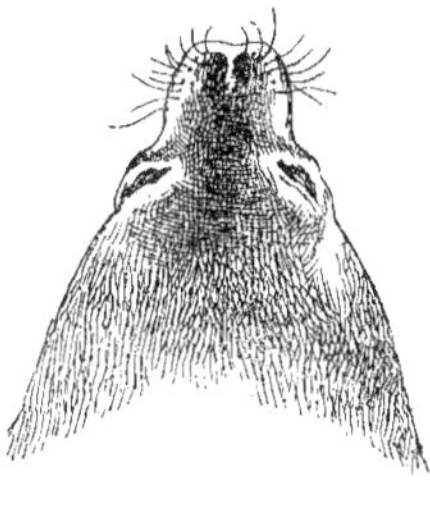

Fig. 3. — Phoque de Weddel (*Leptonychotes Weddelli*), tête vue de profil et de dos.

bourru tombe d'abord de la tête et des quatre membres, puis du dos, des flancs et enfin de la poitrine et du ventre. Cette mue exige une quinzaine, de sorte qu'au bout d'un mois le jeune a complètement dépouillé sa livrée du premier âge pour revêtir le pelage court, brillant et marbré de l'adulte, dont il ne diffère que par sa taille moindre, n'ayant encore que 2 mètres environ, au lieu de près de 3 mètres, taille qu'atteignent les adultes.

Le pelage de l'adulte, d'un gris foncé tacheté de blanc, présente des particularités remarquables qui sont ainsi décrites par E.-A. WILSON :

Les régions les plus claires ne sont pas ventrales ni médianes, mais latérales ou ventro-latérales. Le milieu du dos est noir, puis vient une bande dorso-latérale noire avec quelques taches ou raies blanches ; puis une bande latérale avec des marbrures plus grandes et plus abondantes ; une bande ventro-latérale où le blanc prédomine et qui ne porte que de rares taches noires ; enfin la bande médio-ventrale, qui est grise avec des taches et des rayures blanches. La queue est, en dessus, plus noire que tout le reste, mais avec une étroite bordure blanche, qui est constante.

La couleur grise de la tête, après avoir fait le tour des narines, se dirige en arrière et contourne les yeux ; une tache blanche surciliaire se voit de chaque côté du front. La teinte grise s'étend en arrière jusqu'aux épaules et aux nageoires antérieures ; les épaules portent quelques raies blanches assez discrètes. Les nageoires antérieures ont leur bord radial et le dessous blancs ; les nageoires postérieures sont d'un gris foncé dessus avec le bord tibial blanc, mais passent au noirâtre vers l'extrémité des doigts, dont le bord est blanchâtre avec quelques poils blancs à l'insertion des ongles. Les ongles sont noirs ainsi que les vibrisses tortillées de la face (les moustaches ne sont pas tortillées chez le jeune). Les poils qui entourent les coins de la bouche et les ouvertures naturelles sont d'un brun châtain. Ce pelage, très frais après la mue et remarquable par le contraste des taches blanches et du gris foncé qui forme le fond, se change à la longue en un gris blanc pâle, où les taches blanches se distinguent à peine.

Mœurs. — Le jeune est nourri par la mère et reste avec elle beaucoup plus longtemps que celui du *Lobodon*. Pour allaiter son nourrisson, la mère se couche sur le flanc : elle porte deux mamelons très visibles lorsqu'ils s'érigent par suite de la succion. Ce n'est qu'au bout d'un mois, lorsqu'il a pris le pelage de l'adulte, que le jeune est en état de se suffire à lui-même. Jusque-là, la mère l'abandonne chaque jour sur la glace pour aller chercher sa nourriture, et il n'est pas rare d'en trouver quelques-uns, morts de froid, un jour ou deux après la mise-bas. Les yeux sont ouverts dès la naissance.

L'involution du cordon ombilical demande plusieurs jours. On trouve quelquefois des petits nouveau-nés encore attachés au placenta par le cordon, bien que l'on doive supposer que la mère coupe ce cordon. Le placenta et ses membranes sont mis en pièces par les Skuas (*Megalestris*) ; mais ces Oiseaux de rapine ne semblent pas s'attaquer aux jeunes, même lorsqu'ils sont morts (Wilson).

Les Phoques de cette espèce sont beaucoup plus apathiques que le *Lobodon*, du moins sur la glace où on les trouve couchés en ordre dispersé, paraissant dormir dans une quiétude parfaite. Mais, si l'on s'approche, il est facile de voir que leur repos n'est qu'une veille paresseuse. Les uns changent de place dans une direction ou dans l'autre, sans cause apparente. D'autres se montrent à l'entrée des trous qu'ils ont creusés dans la glace, se hissant gauchement par degrés, tout ruisselants d'eau, jusqu'à ce que toute la masse de leur corps émerge et se séchant en se roulant de côté et d'autre sur la surface neigeuse de la banquise ; puis ils s'étendent un peu plus loin et prennent l'attitude du repos.

Comme le dit RACOVITZA, le Phoque de Weddell est « un brave homme de Phoque ». On peut s'approcher à moins de 1 mètre de l'animal sans qu'il fasse aucun geste de défense. Ses yeux restent fermés ; l'animal s'étire en retirant ses nageoires le long des flancs dans une posture grotesque, et, comme le dos lui démange, il porte la patte en arrière dans une attitude presque humaine et se gratte avec l'ongle saillant du second doigt. Puis il se gratte une patte avec l'autre. Il bâille, ce qui produit dans sa poitrine un bruit de glouglou, et, toujours sans ouvrir les yeux, il reprend sa position de repos.

Si, placé à quelques mètres, on crie pour l'éveiller, il n'en tient pas compte ; il faut s'y reprendre à deux fois ; alors il ouvre les yeux, se retourne sur le côté et, soulevant légèrement la tête, vous regarde d'un air étonné, sans faire aucun effort pour s'éloigner. Même s'il est couché sur le dos, cela ne l'empêche pas de vider sa vessie, et c'est là le premier mouvement que l'on puisse interpréter comme un signe d'inquiétude. Enfin, s'il aperçoit que vous êtes quelque chose dont il n'a pas l'habitude, il s'éloigne un peu, puis s'arrête en faisant entendre un petit grognement intérieur, bouche fermée, qui ressemble au clapotement de l'eau agitée dans une cruche de terre. Puis il reprend l'attitude du repos, comme s'il avait oublié votre présence. Si l'on essaie de le tourner, il s'y oppose en vous faisant face ; enfin, si l'on insiste et que l'on cherche à toucher du pied l'une de ses nageoires postérieures, il semble tout à fait effrayé. Il se dresse à demi sur la glace en face de vous en soufflant, la gueule ouverte, ou se précipite aussi vite qu'il peut vers le trou le plus voisin. En s'enfuyant, il se retourne constamment en recourbant son corps alternativement d'un côté et de l'autre, pour voir si on le poursuit ; ou bien, renversant sa tête en arrière, dans une attitude forcée, les yeux largement ouverts pour vous surveiller, il prend une position tout à fait caractéristique. L'ignorance complète du danger que montre

cette espèce forme un contraste remarquable avec la défiance des Phoques du nord (Wilson).

Le cri du jeune est un bêlement de mouton. L'adulte pousse un véritable rugissement, mais sa voix peut produire aussi des notes musicales semblables à celles que Racovitza a décrites d'un façon si pittoresque chez l'*Ommatophoca Rossi*. C'est une plainte commençant par une note aiguë et profonde et finissant par une série de notes basses comme celles que produit la glace en se fendant, ou bien encore une série de notes plaintives flutées se terminant comme le cri d'appel du Moineau, ou se changeant en un long sifflement terminé par un grognement ou un ronflement profond. Le Dr Charcot a observé plusieurs fois ce fait [1], qui est confirmé par Hodgson et Wilson, les naturalistes de la « Discovery ».

Le Phoque de Weddell est une espèce côtière qui ne s'éloigne jamais hors de vue de la terre ou de la banquise et qu'on ne voit pas sur les glaces flottantes. Ce ne peut donc être que tout à fait accidentellement qu'il est entraîné vers le nord sur les îles où on signale sa présence (Juan-Fernandez, Kerguelen, Heard, etc.).

Sa nourriture consiste presque entièrement en Poissons, bien qu'on trouve quelquefois des becs de Céphalopodes et même des débris de Crustacés dans son estomac, mêlés à du limon, du sable et des pierres. Quant au limon et au sable, il est évident qu'ils sont avalés accidentellement en même temps que les Poissons et les Crustacés qui vivent sur le fond de la mer. Les Poissons appartiennent aux genres *Trematomus*, *Notothenia* et *Gymmodraco*, qui sont aussi abondants en hiver qu'en été, la température de l'eau variant peu d'une saison à l'autre et se maintenant très près de 0°, c'est-à-dire du point de congélation. Par suite, le Phoque de Weddell, trouvant en tout temps sa nourriture sous la glace, n'éprouve pas le besoin d'émigrer, et on le trouve aussi communément dans une saison que dans l'autre.

Le fait qu'il s'avance beaucoup plus loin sur la banquise que les autres Phoques et trouve sa nourriture sous la glace, grâce aux trous qu'il se ménage de distance en distance, le met presque complètement à l'abri des attaques des Orques (*Orca gladiator*), et c'est ainsi que Wilson

[1] Charcot, *Le « Français » au Pôle Sud*, 1906, p. 151.

explique la rareté des balafres sur sa peau, comparée à celle des autres espèces. On peut considérer cette espèce comme la mieux adaptée au continent antarctique.

Pendant l'hiver, les Phoques de Weddell passent beaucoup de temps sous la glace. Dans le silence de la nuit surtout, on entend les sons variés de leur voix sous l'étrave du navire pris dans la banquise, et l'on a pu confondre ce bruit avec celui des craquements de la glace, jusqu'au moment où sa véritable nature a été reconnue. D'autres fois, si l'on suit une longue fente de glace, on peut entendre le bruit qu'ils font en cherchant à agrandir la fente pour creuser un trou et en brisant la glace nouvellement formée avec leurs dents (1). A l'approche du printemps, ils cherchent plus souvent à venir s'étendre sous les rares rayons du soleil levant. Le long des fentes où se forme la jeune glace, on trouve alors une série de *trous d'évent* et de trous d'entrée et de sortie distants l'un de l'autre d'environ 160 mètres. Un tiers de ces trous, régulièrement espacés, ont été élargis de manière à donnner passage au corps de l'animal, et, autour de ces trous, ont voit des marques qui prouvent que les Phoques s'y sont reposés souvent pendant les mois d'hiver.

La durée de la gestation dans cette espèce paraît être de onze mois. Les mâles se livrent de violents combats, et on en trouve qui sont littéralement couverts de blessures, surtout sur la tête, le cou et aux parties génitales. Ces dernières semblent un des principaux points d'attaque. Ces blessures sont courtes et superficielles, bien distinctes des longues balafres très profondes que l'on trouve sur la peau du *Lobodon*. Cependant elles ne se cicatrisent que très lentement, suppurant pendant des mois.

Les mères semblent très attachées à leurs petits et les défendent quelquefois avec un courage qui peut être dangereux pour celui qui s'en approche. Mais, dans d'autres cas, elles ne font aucune attention aux cris de détresse de leur nourrisson, si bien que les naturalistes de la « Discovery » ont pu attacher facilement des étiquettes à la queue de plusieurs jeunes, dans le but de les reconnaître et de fixer la durée de leur croissance et de leur mue.

---

(1) Les canines sont fortement usées chez les vieux individus en raison de cette habitude.

A la fin du premier mois, quand la première livrée est tombée et que le jeune a revêtu les couleurs de l'adulte, la mère l'aide à entrer et à sortir de l'eau en le poussant par derrière ; il apprend rapidement à chercher sa nourriture. Cependant il continue encore à téter jusqu'à l'âge de six semaines, c'est-à-dire une semaine ou deux après avoir pris son premier bain. A deux ans, il atteint la taille des adultes, mais il est probable qu'il ne se reproduit qu'à l'âge de trois ou quatre ans. C'est dans la dernière quinzaine d'Octobre et pendant les mois de Novembre et Décembre que se place la saison du rut.

A la fin de cette période, les mâles se retirent à l'écart, et on en trouve qui sont morts de leurs blessures. Pour mourir, ils recherchent quelquefois des places très éloignées et presque inaccessibles ; on en a trouvé à 35 milles de la côte dans l'intérieur du pays et au sommet d'un glacier élevé de près de 1 000 mètres au-dessus du niveau de la mer. Cette habitude existe aussi chez le *Lobodon*.

On a vu combien ce Phoque est lent et paresseux à terre ou sur la glace. Par contre, dans la mer, il nage avec la rapidité d'un Poisson et doit s'emparer facilement des proies dont il se nourrit. Son mode de locomotion, d'ailleurs, ressemble tout à fait à celui d'un Poisson ; c'est un mouvement sinueux du corps dans lequel les pattes postérieures représentent à volonté une queue de Poisson ou une queue de Cétacé, suivant qu'elles sont opposées l'une à l'autre dans un plan vertical ou étalées horizontalement. Les pattes antérieures sont relativement beaucoup moins utiles pour la nage et ne servent guère qu'à modifier la direction. Sous ce rapport, et en dépit de ses habitudes littorales, probablement acquises après coup, on peut dire que c'est un Phoque très pélagique.

Genre HYDRURGA (1) Gistel, 1848.

Stenorhinchus F. Cuv., 1826 (nec *Stenorhynchus* Lamarck, 1819).
Ogmorhinus Peters, 1875.
Stenorhynchotes Turner, 1888.

(1) Le nom de *Stenorhynchus* étant préocupé par Lamarck pour un genre de Crustacés, il est évident que le nom d'*Hydrurga* proposé par Gistel (*Naturg. Thierreichs f. höhere Schulen*, p. xi, 1848) a la priorité sur *Ogmorhinus* Peters, 1875.

HYDRURGA LEPTONYX (Blainville).

Le Phoque aux petits ongles ou *Léopard de mer.*

1820. *Phoca leptonyx* Blainville, *Journal de physique*, XCI, p. 289 et 297.
1826. *Stenorhinchus leptonyx* F. Cuvier, *Dict. Sc. Nat.*, XXXIX, p. 549 (pour « *Stenorhynchus* »).
1875. *Ogmorhinus leptonyx* Peters, *Monatsb. K. Akad. Berlin*, p. 393.

Fig. 4. — Phoque léopard (*Hydrurga leptonyx*), tête vue de profil et de dos.

1901. *Ogmorhinus leptonyx* Barret-Hamilton, *Exp. Antarct. Belge, Zool., Seals*, 1901, p. 9.
1902. *Ogmorhinus leptonyx* Barret-Hamilton, *Rep.* « *Southern Cross* », p. 25, Pl. III.
1905. *Ogmorhinus leptonyx* Andersson, *Wiss. Ergebn. Swhed. Südpolar Exp.*, V, 2, p. 11.
1906. *Stenorhynchus leptonyx* Brown, Mossman and Pirie, *Voy.* « *Scotia* », p. 122, 222, 227.
1907. *Ogmorhinus leptonyx* Wilson, *Nation. Antarct. Exp. of* « *Discovery* », II Zool., p. 26, fig. 22.

L'Expédition du « Français » n'a rapporté aucun spécimen de cette espèce, qui existe dans la région explorée, mais semble rare. C'est probablement le Phoque que le Dr CHARCOT a vu de loin, dévorant un Cormoran, mais sans pouvoir l'approcher (1).

DISTRIBUTION. — L'espèce semble avoir une assez vaste dispersion, puisqu'elle a été signalée non seulement sur les côtes du continent antarctique, mais en outre aux îles Falkland, de la Désolation, au cap Horn et en

____

(1) CHARCOT, *Le « Français » au Pôle Sud*, 1906, p. 122 (la figure de la page 123, avec la légende « Léopard de mer », est évidemment un Phoque de Weddell).

Patagonie, à la Nouvelle-Géorgie, aux îles Campbell, Kerguelen, Lord-Howe, à la Nouvelle-Zélande et à la Nouvelle-Galle du Sud.

Dans ces régions, ce Phoque vient souvent à terre, et, bien qu'il ne s'y meuve qu'avec difficulté, il s'avance assez loin dans les buissons, toujours solitaire.

Il remonte accidentellement jusqu'à la Nouvelle-Zélande (James Hector). Dans l'Antarctique, on l'a signalé à la Terre Louis-Philippe, à la Terre de Graham, à Roberston Bay, dans la mer de Ross, enfin aux Orcades du Sud et à la Géorgie australe.

On l'a souvent confondu avec le Phoque de Weddell sous le nom de *Léopard de mer* ; mais ses habitudes solitaires bien connues permettent d'affirmer que, toutes les fois qu'il s'agit de troupes plus ou moins nombreuses, on a eu affaire à ce dernier.

Ainsi l'espèce signalée à Kerguelen par Moseley, comme formant une *rookery* de 400 individus, est très probablement le *Leptonychotes*. De même le Phoque que la « Southern Cross » dit avoir vu se reproduire à Robertson Bay semble bien le Phoque de Weddell ; il est probable que l'*Hydrurga* se reproduit sur l'Antarctique, mais on ne sait rien de ses habitudes.

Description. — La présente espèce se reconnaît facilement à sa forme générale, que l'on a comparée à celle d'un court serpent. La tête est grosse et nettement séparée des épaules, qui sont larges, par un cou mince et allongé ; le reste du corps s'amincit comme celui d'un Reptile et indique un grand pouvoir de locomotion. La longueur totale peut atteindre plus de 4 mètres.

Pelage. — Le dessus est d'un gris brun marqué de taches allongées, les unes noires, les autres jaunâtres ; les flancs sont plus clairs, blanchâtres avec des taches noires ; ces taches sont confluentes aux épaules ; le devant des nageoires antérieures est d'un brun foncé, tandis que le reste est de la couleur des flancs ; les nageoires postérieures sont brunes, tachetées de jaune, et cette teinte jaune devient parfois orangée ; la poitrine et le ventre, plus foncés que les flancs, sont jaunâtres avec une légère teinte orangée relevée par des tache brunes.

Ces teintes paraissent très variables d'un individu à l'autre. Les taches qui ont valu à cette espèce son nom de *Léopard marin* paraissent appartenir au pelage de transition pendant la mue et sont constituées par des taches claires plus ou moins confluentes, tranchant sur des anneaux plus fortement pigmentés, formés par les poils en train de tomber.

Mœurs. — Les habitudes de cette espèce sont peu connues, en raison de sa rareté ; mais c'est probablement le plus vorace de tous les Phoques de l'Antarctique. Dans l'estomac de l'un d'eux, les naturalistes de la « Discovery » ont trouvé le cadavre presque entier d'un Pingouin (ou Manchot) Empereur (*Aptenodytes Forsteri*), de près de 1 mètre de long. Ceux du « Morning » ont trouvé dans celui d'un autre individu les débris d'un jeune Phoque de Weddell, et dans un autre encore 14 kilogrammes de Poissons divers. On y trouve aussi des débris de Céphalopodes.

Le Dr Pirie, de la « Scotia », a vu un de ces Phoques s'approcher d'un glaçon sur lequel se tenaient des Pingouins, en saisir un de ses redoutables mâchoires et se replonger dans la mer en emportant sa proie.

Sur la glace, le Phoque léopard semble moins actif que le Phoque de Weddell, non par paresse, comme chez ce dernier, mais plutôt par suite de la lourdeur de la tête et des épaules. Les pattes sont ici de véritables nageoires allongées et puissantes, avec le premier et le cinquième doigt des postérieures largement palmés au delà des ongles, bien que les quatre membres soient complètement couverts de poils. Les griffes sont bien développées aux pattes antérieures ; la première seule est rudimentaire, les quatre autres dépassant considérablement l'extrémité des doigts. Aux pattes postérieures, les ongles du premier et du cinquième orteil sont rudimentaires, ceux du second et du quatrième bien développés et atteignant l'extrémité de l'orteil, tandis que celui du troisième la dépasse nettement.

Cette espèce n'est pas à l'abri des attaques des Orques, comme le prouve les balafres que portent plusieurs des individus capturés.

Genre OMMATOPHOCA Gray, 1844.

OMMATOPHOCA ROSSI Gray.

Le Phoque de Ross.

1844. *Ommatophoca Rossi* Gray, *Zool.* « *Erebus* » and « *Terror*, » p. 7, Pl. VII, VIII.
1901. *Ommatophoca Rossi* Barret-Hamilton, *Exp. Antarct. Belge, Zool., Seals*, p. 3, Pl. I
    (crâne).
1902. *Ommatophoca Rossi* Barret-Hamilton, *Rep.* « *Southern Cross* » *Coll.*, p. 46,
    Pl. VI.
1906. *Ommatophoca Rossi* Brown, Mossman and Pirie, *Voy.* « *Scotia* », p. 320, 327,
    350, 361.
1907. *Ommatophoca Rossi* E.-A. Wilson, *National Antarctic Exp., Nat. Hist.*, vol. II,
    Zool., p. 41, fig. 27-29.

MATÉRIAUX.

N° 5. Peau plate, ♂ (1^m,77). Ile Wandel (29 novembre 1904).

DISTRIBUTION. — L'espèce a été découverte par sir James Ross, en 1840,
dans le nord de la mer de Ross, par 68° de latitude sud et 176° de longitude
est. Le spécimen type est resté unique jusqu'à l'Expédition de la « Belgica »
(1898), qui retrouva l'espèce à la Terre de Graham. Les naturalistes de la
« Southern Cross » et ceux de la « Discovery » l'ont également observée, et
ces derniers l'ont rencontrée au point même où Ross l'avait découverte plus
de soixante ans auparavant, c'est-à-dire dans la mer de Ross. Elle s'étend
donc sur une vaste étendue (du 40° longitude ouest au 160° longitude est),
dans l'Antarctique. Elle ne semble pas s'écarter de cette région vers le nord,
comme les trois autres espèces, bien qu'un jeune ait été signalé récemment aux Orcades du Sud. C'est donc une espèce strictement polaire.

DESCRIPTION. — Cette espèce se reconnaît au premier coup d'œil à ses
formes lourdes ; son corps a l'apparence d'un sac d'où sortent des pattes
et un très court museau, sans aucune trace de cou. La gorge est renflée
surtout quand l'animal fait entendre sa voix.

PELAGE. — Comme chez les autres espèces, les couleurs du pelage sont
assez variables. Le dos est gris ou brun avec des taches ou mouchetures
allongées blanches sur les flancs ; la tête et les extrémités sont de la couleur du dos ; la poitrine et le ventre sont le plus souvent blancs, les deux
couleurs se fondant insensiblement ; mais on trouve des individus qui ont
ces parties noirâtres. On ne connaît pas la livrée du jeune. La taille peut

atteindre 2^m,80 chez les vieux mâles, mais les individus de 2^m,30 à
2^m,50 sont les plus communs.

Mœurs. — Cette espèce ne se montre pas en bandes ; les individus que
l'on rencontre sont toujours solitaires, et l'on ne sait rien de la façon
dont se fait la reproduction. On les trouve d'ordinaire sur les bancs de
glace. En raison de la forme du corps, ce Phoque semble bien conformé
pour la vie pélagique ; par contre, il est peu agile sur la glace, où il ne fait

Fig. 5. — Phoque de Ross (*Ommatophoca Rossi*), tête vue de profil et de dos.

aucun effort pour s'échapper. Il est toujours excessivement gras, et cette
graisse forme autour du cou des bourrelets tellement gros que la tête y
disparaît presque complètement. Les yeux ne sont pas grands (malgré le
développement des orbites qui a inspiré à Gray le nom du genre),
et la bouche est remarquablement petite, comparée à celle des autres
espèces.

Racovitza a décrit ainsi la voix de ce Phoque : « Il peut gonfler son
larynx et son énorme voile du palais de façon à constituer deux caisses
de résonance, deux poches contenant une grande provision d'air. Cela
lui permet d'exécuter des trilles et arpèges aussi sonores que bizarres.
Lorsqu'on l'irrite, il commence par gonfler son larynx en rabattant la tête
en arrière. Il produit alors, la gueule ouverte, et son voile du palais
distendu apparaissant comme une grosse boule rouge, un roucoulement
semblable à celui d'une tourterelle enrouée. Puis il ferme la gueule et
émet un gloussement de Poule effrayée. Il expulse finalement avec violence,

par les narines, sa provision d'air, et cela produit un reniflement comparable à celui que fait un Cheval qui s'ébroue. »

Les nageoires sont grandes et bien développées. Les ongles sont rudimentaires et sans usage, les nageoires antérieures étant palmées à l'extrémité de chaque doigt. Aux pattes postérieures, également très larges, le premier et le cinquième orteil sont allongés et aplatis, formant des lobes comme chez *Macrorhinus*; les doigts sont couverts de poils. Le troisième orteil est beaucoup plus court que le premier et le cinquième.

L'*Ommatophoca* se nourrit de Céphalopodes dont on retrouve les becs dans son estomac. On y trouve aussi des Algues marines et, dans l'intestin, une énorme quantité de vers parasites. La préférence que ce Phoque donne au corps mou des Céphalopodes sur toute autre nourriture explique l'atrophie de ses dents molaires et les anomalies que présente la formule dentaire chez beaucoup d'individus. La première prémolaire, notamment, est souvent rudimentaire ou absente. Quant aux molaires, sur l'animal fraîchement tué, elles sont souvent branlantes, et, si l'on veut préparer le crâne, on s'aperçoit qu'elles n'ont plus d'alvéoles et ne tiennent que dans la muqueuse gingivale (WILSON).

Chez cette espèce, la mue a lieu en janvier, et l'animal porte alors une toison bourrue, d'un gris brun, dont les poils se détachent facilement, faisant place à un pelage assez ras d'un gris noirâtre. Pendant la mue, qui dure une semaine ou deux, l'animal évite d'aller à la mer. Il reste couché plusieurs jours à la même place, comme le prouve l'amas de poils et d'excréments qu'on voit autour de lui sur la glace, et, en ouvrant son estomac, on le trouve complètement vide. Il n'a plus qu'un pouce à peine de graisse sous la peau (HANSON).

Le pelage est formé de deux sortes de poils : les plus abondants sont courts et noirâtres ; de longs poils blancs plus rares sont dispersés au milieu des autres ; ces longs poils sont d'un tiers plus longs que le reste du pelage.

Les cicatrices que l'on trouve sur les peaux sont courtes, localisées sur la tête et le cou, et paraissent dues aux combats que se livrent les mâles pendant la saison du rut. On n'y voit jamais de ces longues balafres, produites par les dents des Orques, si communes chez les autres espèces antarctiques. Ce fait semble indiquer que l'*Ommatophoca* est le mieux adapté de tous pour la vie pélagique et que, grâce à la rapidité de ses mouvements, il échappe plus facilement à la voracité des grands Cétacés carnivores.

EXPLICATION DES PLANCHES

PLANCHE I

Fig. 1. — Phoque crabier sur la banquise.
Fig. 2. — Phoque crabier (en mue) pleurant sa femelle morte.

PLANCHE II

Fig. 1. — Phoques crabiers sur la banquise.
Fig. 2. — Phoque de Weddell sur la plage de l'île Wandel.

PLANCHE III

Fig. 1. — Bande de Phoques crabiers sur la banquise.
Fig. 2. — Phoque crabier portant deux balafres sur les flancs.
Fig. 3. — Phoques crabiers se jouant sur la banquise.
Fig. 4. — Phoque de Weddell couché sur le flanc.
Fig. 5. — Phoque de Weddell dans un paysage de l'île Wandel.
Fig. 6. — Phoque de Weddell fortement tacheté.

PLANCHE IV

Fig. 1. — Phoque crabier (en mue) montrant les dents à l'agresseur.
Fig. 2. — Phoque de Weddell troublé dans son repos.
Fig. 3. — Phoque de Weddell en marche vers son trou.
Fig. 4. — Phoque de Weddell couché sur le dos.
Fig. 5. — Phoque de Weddell effrayé au moyen d'un bâton.
Fig. 6. — Phoque de Weddell effrayé par un ustensile de cuisine.

Fig. 1. — Phoque crabier sur la banquise.

Fig. 2. Phoque crabier (en mue) pleurant sa femelle morte

Phototypie Berthaud

Mammifères pinnipèdes.

Masson et Cie, Éditeurs

Fig. 1. — Phoques crabiers sur la banquise.

Fig. 2. — Phoque de Weddell sur la plage de l'île Wandel.

Phototypie Berthaud

Mammifères pinnipèdes.

Masson & Cie, Editeurs

Fig. 1. — Bande de phoques crabiers sur la banquise.

Fig. 2. — Phoque crabier portant deux balafres sur les flancs.

Fig. 3. — Phoques crabiers se jouant sur la banquise.

Fig. 4. — Phoque de Weddell couché sur le flanc.

Fig. 5. — Phoque de Weddell dans un paysage de l'île Wandel.

Fig. 6. — Phoque de Weddell fortement tacheté.

Mammifères pinnipèdes.

Masson et Cie, Éditeurs

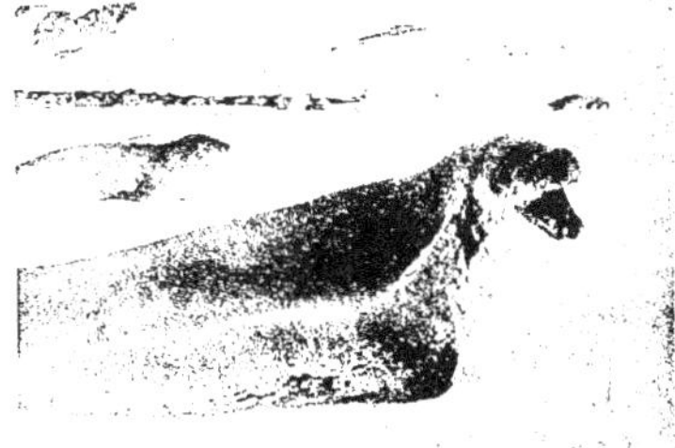

Fig. 1. — Phoque crabier en mue montrant
les dents à l'agresseur.

Fig. 2. — Phoque de Weddell troublé dans son
repos.

Fig. 3. — Phoque de Weddell en marche vers
son trou.

Fig. 4. — Phoque de Weddell couché sur
le dos.

Fig. 5. — Phoque de Weddell effrayé au moyen
d'un bâton

Fig. 6. — Phoque de Weddell effrayé par un
ustensile de cuisine.

Mammifères pinnipèdes.

Masson & Cie, Éditeurs

OISEAUX

Par A. MENEGAUX

Les animaux supérieurs qui vivent dans le voisinage du pôle Sud sont connus depuis les héroïques voyageurs qui, vers la fin du xviii° siècle, ne craignirent pas de s'aventurer dans les solitudes glacées de l'Antarctique ; mais nos connaissances sur la vie et les mœurs de ces animaux laissaient encore beaucoup à désirer. Depuis cette époque, des séjours prolongés d'un an ou de deux ans ont permis d'entreprendre des recherches de longue haleine et des observations de longue durée.

Les dernières expéditions datant de la fin du siècle dernier, et dont tout le monde a entendu parler, nous ont rapporté une ample moisson et ont donné lieu à des comptes rendus intéressants de la part de Pagenstecher (1884), de Von den Steinen (1890) et de Lönnberg (1906), sur les Oiseaux de la Géorgie du Sud ; de Hall (1900), sur ceux de Kerguelen ; de B. Sharpe (1902), sur ceux rapportés par la « Southern Cross » ; de Racovitza (1904), sur ses observations pendant le séjour de la « Belgica » à la Terre de Graham ; de Vanhöffen (1904), d'Andersson (1905) et S. Clarke (1906), sur les Orcades du Sud.

Les spécimens nombreux qui ont été rapportés ont enrichi les musées, et les observations biologiques nous ont dévoilé les secrets de la vie animale dans ces régions, tout en permettant de préciser ses rapports avec la vie dans les régions arctiques, car il est certain que des conditions d'existence identiques ont dû amener une certaine similitude de structure et d'habitudes.

La vie animale acquiert dans l'Antarctique une intensité, une luxuriance qu'on ne retrouve nulle part ailleurs. Ce sont les Oiseaux qui donnent à la faune des Vertébrés son caractère, son cachet particulier, et, parmi eux, ce sont surtout les Manchots, vulgairement Pingouins, les Albatros et les Procellariens qui sont les plus connus et les plus nombreux.

Les Oiseaux qui, pendant le printemps (octobre, novembre, décembre 1904), ont construit des nids à l'île Booth-Vandel, station d'hivernage « du Français » et dont on a pu recueillir les œufs, appartiennent aux espèces suivantes :

Pygoscelis papua (Forst.) ;
Pygoscelis Adeliæ (Homb. et Jacq.);
Phalacrocorax atriceps King;
Larus dominicanus Lcht. ;
Sterna vittata Gm. ;
Megalestris antarctica (Less.);
Oceanites oceanicus (Kuhl) ;
Chionis alba (Gm.).

La Mission Charcot a rapporté plus de 150 spécimens d'Oiseaux en peau appartenant à 16 espèces antarctiques, sans compter les œufs et les jeunes conservés dans l'alcool pour des études plus spéciales d'anatomie et de développement.

Les peaux forment de belles séries, donnant les diverses phases, parfois inconnues, du plumage des mâles, des femelles et des jeunes. La série des Manchots, celle des *Ossifraga gigantea* et celle des *Larus dominicanus*, sont particulièrement intéressantes et remarquables.

Il faut ajouter à cela un certain nombre d'observations précises sur la nidification, les habitudes, l'incubation, sur les dates d'arrivée et de départ, sur les quartiers d'été. Il s'ensuit que les résultats acquis par la Mission viennent compléter heureusement ou confirmer ceux des autres expéditions antarctiques.

SPHÉNISCIDÉS.

Cette famille, qu'on regarde souvent comme constituant l'ordre des *Impennes*, forme le groupe le plus singulier de la classe des Oiseaux.

Les navigateurs les ont toujours appelés Pingouins. C'est Brisson qui, le premier, en 1760, dans son *Ornithologie*, imposa le nom de Manchots (*Sphenisci*), à cause de la brièveté de leurs ailes, aux Pingouins, alors connus, des mers australes (1), pour les séparer des Pingouins des mers arctiques, auxquels il attribua exclusivement ce dernier nom.

Les différences établies par Brisson entre les Manchots et les Pingouins ont été reprises, précisées et accentuées par Buffon, et son intervention a amené l'adoption de ce terme par les naturalistes français, qui seuls se servent du mot de Manchot, tandis que tous les savants étrangers et les navigateurs ont conservé le nom de Pingouin, auquel M. Charcot est revenu aussi, puisque c'est le plus connu.

Dans ce travail, m'appuyant sur l'autorité de Buffon et la tradition scientifique, j'emploierai de préférence le mot de Manchot, puisqu'il a acquis droit de cité. En effet Buffon, dans le chapitre intitulé : Les Pingouins et les Manchots ou les Oiseaux sans ailes, appuie son opinion sur les arguments suivants (2) :

(1) Dans son ordre XXIe des Oiseaux, Brisson dit textuellement : *Manchot*, nom que j'ai donné aux Oiseaux de ce genre à cause de la brièveté de leurs ailes (Brisson, *Ornith.*, vol. VI, p. 96, note).

Le nom collectif de Pingouin est donc plus ancien que celui de Manchot. Diverses hypothèses ont été émises sur l'origine de ce mot.

La première, due à Dayton (in *Polyolbion*, Song 9, 1613), suppose qu'il vient du gallois *pen gwyn*, qui signifie *tête blanche*. Mais on n'a aucune preuve que ce soient les Gallois qui ont découvert ces animaux, et, les eussent-ils découverts, il est fort improbable qu'ils auraient pu faire adopter ce nom par les navigateurs anglais ; en outre, ces animaux n'ont pas la tête blanche, puisqu'ils n'ont qu'une tache sur le sinciput.

D'après la deuxième, admise par Littré, ce mot proviendrait du mot latin *pinguis*, qui veut dire *gras*. Il leur aurait été donné par les naturalistes hollandais qui les signalèrent les premiers à l'attention des naturalistes, d'après Clusius (1598). Mais ce mot n'a pas le son final *in* qu'on y trouve en anglais et, de plus, d'après Skeat (*Etymol. Dict.*, p. 433), les soi-disant Hollandais qui affirment être les auteurs de ce nom sont tout simplement le navigateur anglais Francis Drake, mort en 1595, et ses compagnons.

On a supposé aussi que c'est une corruption du mot *pin-wing* ou *pen-wing* (*Ann. Nat. Hist.*, 4e série, IV, p. 133), s'appliquant à un Oiseau qui a subi l'opération du pinioning ou, comme on dit dans une partie de l'Angleterre, du « pin-winging » (raccourcissement de l'aile).

Reeks affirme (in *Zoologist*, série 2, 1854) que les habitants de Terre-Neuve, qui avaient l'habitude de voir cet Oiseau, l'ont toujours appelé *Pin-wing*. Il y a donc tout lieu d'admettre que ce nom a été donné ainsi en premier lieu à l'Alque du Nord avant que les Oiseaux du Sud ne fussent connus en Europe. Les navigateurs ne s'en servirent donc que plus tard pour les désigner.

Enfin une dernière hypothèse est celle de Milne-Edwards, qui suppose que ce nom a été appliqué d'abord aux Manchots par les navigateurs espagnols à cause de la grande quantité de graisse dont ils sont chargés (Pinguigo) et étendu ensuite à tous les Oiseaux pélagiens à ailes courtes, puis réservés par les zoologistes aux seuls *Alcæ* du Nord (Milne-Edwards, *Faune des régions australes*, ch. II, p. 23, 1882).

(2) Buffon, *Hist. nat. : Oiseaux*, t. IX, p. 372, 373 et suiv., 1783.

« On a donné indistinctement le nom de Pingouin ou Pinguin à toutes les espèces de ces deux familles, et c'est ce qui les a fait confondre. On peut voir dans le *Synopsis* de Ray (p. 118 et 119) quel était l'embarras des ornithologistes pour concilier les caractères attribués par Clusius à son Pingouin magellanique avec les caractères qu'offraient les Pingouins du Nord. Edwards a cherché le premier a concilier ces contradictions : il dit avec raison que, loin de croire, comme Willughby, le Pingouin du Nord de la même espèce que le Pingouin du Sud, on serait bien plutôt porté à les ranger dans deux classes différentes, ce dernier ayant quatre doigts et le premier n'ayant même pas de vestiges du doigt postérieur et *n'ayant les ailes couvertes de rien qui puisse être appelé plumes*, au lieu que le Pingouin du Nord a de très petites ailes couvertes de véritables pennes.

« A ces différences, nous en ajoutons une autre plus essentielle, c'est que, dans les espèces de ces Oiseaux du Nord, le bec est aplati, sillonné de cannelures par les côtés et relevé en lame verticale ; au lieu que, dans celles du Sud, il est cylindrique, effilé et pointu. Ainsi tous les *Pingouins* des voyageurs du Sud sont des *Manchots*, qui sont réellement séparés des véritables Pingouins du Nord, autant par des différences essentielles de conformation que par la distance des climats.

« Nous allons le prouver par la comparaison de témoignages des voyageurs et par l'examen des passages dans lesquels *nos Manchots* sont indiqués sous le nom de *Pingouins* : tous les navigateurs du Sud, depuis Narborough, l'amiral Anson, le commandant Byron, M. de Bougainville, Mrs. Cook et Forster, s'accordent pour décrire ces Manchots sous les mêmes traits et tous différents de ceux des Pingouins du Septentrion. »

« Les moignons des ailes sont étendus en nageoires par une membrane et couverts de *plumules* placées si près les unes des autres qu'elles ressemblent à des écailles, et, par ce caractère ainsi que par la forme du bec et des pieds, ils sont distingués du genre des *Alcæ* [vrais Pingouins], qui sont incapables de voler, non qu'ils manquent absolument de plumes aux ailes, mais parce que ces plumes sont trop courtes (1). »

(1) Forster, p. 186.

« C'est donc au Manchot qu'on peut spécialement donner le nom d'*Oiseau sans ailes*, etc. »

« Voilà donc une distinction bien établie et fondée sur des différences essentielles dans la conformation extérieure du bec et du plumage entre les Manchots ou les prétendus Pingouins au Sud et les vrais Pingouins du Nord (1). »

1. **Pygoscelis papua** (Forst.), 1781.

Le Manchot papou Sonnerat, *Voyage à la Nouvelle-Guinée*, p. 181, Pl. CLXXXV (1776).

Aptenodytes papua Forster, *Nov. Comment. Gottingensis*, t. III, p. 140, Pl. III (1781, Falkland).

Pygoscelis papua G.-R. Gray, *List Birds*, t. III, p. 153 (1844, Falkland, Kerguelen).

Eudyptes papua G.-R. Gray, *Gen. Birds*, t. III, p. 641 (1846).

Aptenodytes teniata Peale, *Zool. U. S. Expl. Exped. Birds*, p. 266 (1848).

Pygoscelis Wagleri Sclater, *P. Z. S.*, p. 390 (1860, Falkland).

Pygoscelis teniatus Coues, *P. Ac. Philad.*, p. 193 (1860, Falkland, Kerguelen et Macquarie).

Pygoscelis papua, Cat. Birds Brit. Mus., vol. XXVI, p. 631 ; Andersson, *loc. cit.* (1905), p. 34 ; Clarke, *Ibis* (1906), p. 162 ; Lönnberg, *loc. cit.* (1906), p. 87.

N° 22 ♀. Prise à la main, le 22 octobre 1904 ; paupières blanc bleuâtre ; iris rouge-brique ; pattes rose-chair, passant au rouge ; dos gris ; l'estomac renfermait des Euphausides.

N° 26 ♀. Tuée au chloroforme le 27 octobre 1904 ; longueur totale, 80 centimètres ; ailes, 22 centimètres ; iris brun-café au lait ; pattes rose-chair.

N° 38 ♂. Pris à la main et tué au chloroforme le 2 novembre à l'île Booth-Wandel ; pattes rouge clair ; iris brun-marron.

N°ˢ 39, 40 ♀, ♂. Capturés à la main le 4 novembre 1904 à l'île Booth-Wandel et tués au chloroforme ; pattes rouge-chair ; iris marron ; estomac avec de nombreux Euphausides.

N°ˢ 44, 45 ♂, ♀. Capturés à la main le 7 novembre 1904, à l'île Booth-Wandel et tués au chloroforme ; dans l'estomac, Euphausides et Poissons.

N° 46 ♀. Prise à la main le 9 novembre à l'île Booth-Wandel et tuée au chloroforme ; estomac vide ; ténias dans le péritoine.

---

(1) Buffon, p. 374, 375 et 377.

Nº 58 ♀. Prise à la main, le 12 novembre, sur Rocher magnétique ; Euphausides et un Poisson dans l'estomac.

2 Janvier, capturé deux *P. papua*, à l'état de jeunes Poussins, l'un mis dans l'alcool. Tête noire en dessus, bec rouge avec dos de la mandibule supérieure brun foncé ; iris marron ; dos brun ; ventre blanc brunâtre ; pattes rouge vif ou plutôt rose-chair très foncé.

Un Poussin en duvet sans renseignements.

Six œufs en bon état de conservation.

Un œuf avec embryon bien formé du 29 décembre 1904. Ile Wiencke.

Le Papou a l'aspect arrondi, le bec rouge, il est marqué d'une petite tache triangulaire blanche dont le sommet se termine au coin de l'œil.

Dans la région où se trouvait l'Expédition, cet animal n'est pas rare, quoiqu'on ne l'ait jamais rencontré en colonies très nombreuses. Il se trouve dans toutes les régions circumpolaires subantarctiques. Il niche en colonies importantes à la Géorgie du Sud et à Kerguelen. Dans l'Antarctique, il se trouve seulement au Shetland du Sud, aux Orcades et aux alentours de la Terre Louis-Philippe et à l'île Booth-Wandel. Ce sont probablement des postes avancés vers le Sud. Ici ses colonies sont peu nombreuses, adossées ou mélangées à celles de *P. Adeliæ* ou de *P. antarctica*. Pourtant Donald en a vu d'isolées, de quarante nids environ, sur la côte occidentale de l'île Dundee et Racovitza, près du canal de Gerlache. Clarke estime qu'aux Orcades du Sud il est en petit nombre proportionnellement à ses autres congénères, et pourtant sur l'île Laurie il en évalue les colonies à 100 000 individus, confinés dans quatre ou cinq rookeries où nichait *P. Adeliæ*.

L'Expédition Charcot en a observé pour la première fois de petites troupes sur des glaçons et sur la banquise à la baie des Flandres, du 7 au 19 février 1904.

Le 20 février, pendant le mouillage dans une baie à l'ouest de l'île Wiencke, elle trouva deux colonies de Papous, déjà visitées en 1898 par Racovitza, le naturaliste de la « Belgica ». L'une d'elle était fixée sur un plateau de rochers plus ou moins désagrégés, dans le canal de Neumayr, à l'entrée de la baie ; l'autre, au fond de celle-ci, comptait 200 à 300 individus ayant des jeunes.

Le 21 février, l'Expédition mouillait à l'île Booth-Wandel et s'y amarrait définitivement le 5 mars, en vue de l'hivernage. Sur quelques massifs de rochers de cette île, au bord de la mer, vivaient côte à côte des Manchots Adélie et des Papous. Ces derniers formaient une colonie de plus de 4 000 individus répartis en quatre ou cinq groupes, tandis que les Adélies n'étaient guère que 400 à 500. Les jeunes commençaient déjà à aller à la mer. A côté d'eux se trouvait une rookery de Cormorans.

L'Expédition a pu ainsi étudier les mœurs de ces trois espèces d'Oiseaux pendant toute la durée du séjour à l'île Booth-Wandel, c'est-à-dire du 1ᵉʳ mars à la fin de décembre 1904 (fig. 24, 19).

Les deux rookeries vivaient en fort bonne intelligence et étaient même assez confondues. Les divers individus se rendaient de fréquentes visites (fig. 10), s'arrêtaient de temps en temps pour se saluer ou échanger quelques paroles (fig. 2). M. Charcot décrit ainsi leur village :

« Alors même que nous n'aurions pas vu les Pingouins, la présence de ces aimables bêtes se manifeste suffisamment à l'odorat et à l'ouïe. Ce village, on pourrait même dire cette ville, comprenait plusieurs centaines d'habitants, qui n'ont adopté qu'un seul système, celui du « tout sur la voie publique » ; le parfum qui s'en dégage est très *sui generis*. Cela n'a d'ailleurs qu'une importance relative, vu le peu de personnes qui pourraient en être incommodées en dehors des Pingouins, qui ne s'en soucient guère ; puis un peu de neige, une bonne gelée neutraliseront tout cela, et les heures de dégel sont ici courtes et rares ! »

Le Pingouin étant doué d'un organe puissant, chacun veut, dans une discussion ou même dans une simple conversation, placer son mot. Les sons qu'ils émettent sont extrêmement variés, et il est bien difficile de ne pas admettre qu'ils communiquent entre eux par signes phonétiques équivalant presque à la parole. C'est en général une sorte de caquetage où le *couin-couin* du canard apparaît fréquemment, mais diversement modulé. Puis il y a des signaux très variés, des espèces d'ordres donnés en diverses circonstances, notamment quand, par exemple, une bande de ces Oiseaux est groupée sur le bord de l'eau et que le chef décide qu'il faut s'y jeter. Pendant les heures de repos, au milieu du silence, la plupart des Pingouins couchés, souvent un de ceux qui veillent renverse sa tête en arrière, ouvre le bec et pousse une série de notes bizarres, qu'on ne peut mieux comparer qu'au braiement d'un âne ; un autre Pingouin, à une certaine distance, répond de même, et le cri passe d'un veilleur à l'autre comme un cri de sentinelle (fig. 8).

Ils aiment la promenade, car, dans ses ascensions, M. Charcot a parfois rencontré des Manchots à 400 mètres d'altitude. On se demande ce qu'ils viennent faire à ces hauteurs, étant donnés les moyens de locomotion dont ils disposent et les difficultés qu'ils éprouvent pour y arriver (fig. 9).

L'attitude du corps des Papous au repos est sensiblement la même que pendant la marche : le corps est légèrement penché en avant et les ailerons pendants, comme des bras, en sorte qu'ils ressemblent à des pygmées (fig. 16). D'après Warborough, de face, on les prendrait de loin pour de petits enfants avec des tabliers blancs ou pour des dominicains, d'après Charcot. Dans la colonie, ils avaient la tête habituellement tournée vers le nord et le nord-est, car c'est de cette direction que soufflaient les vents les plus violents accompagnés de chutes de neige.

Leur marche est lente, et ils avancent en se dandinant. Quand on les poursuit, ils se couchent sur la neige et rampent avec tant d'agilité en s'aidant des pattes et des ailerons qu'on peut à peine les suivre en courant (fig. 12, 20).

M. de Pagès, dans la relation manuscrite de son voyage, raconte que les ailerons des Manchots leur servent de temps en temps de pattes de devant et qu'alors, marchant comme à quatre, ils vont plus vite ; mais il suppose que, suivant toute apparence, cela n'arrive que lorsqu'ils culbutent, et que ce n'est point une véritable marche (1). C'est, pour ces animaux très vigoureux, un vrai mouvement de locomotion, c'est leur mouvement de fuite (fig. 20).

Dans l'eau, leurs mouvements sont très rapides. Ils plongent et évoluent avec agilité, naviguant en rangs serrés. A chaque bond hors de l'eau correspond un petit cri qui sert d'encouragement ou de ralliement.

(1) BUFFON, *Oiseaux*, t. IX, p. 407.

Dans les cas ordinaires, ils ne se servent que des ailerons ; mais, s'ils veulent fuir ou évoluer avec plus de rapidité, ils utilisent leurs pieds.

La journée se passe entre la pêche, indispensable à la vie des individus, et la construction des nids qui assurera la continuité de l'espèce. Le mâle et la femelle se partagent la besogne, comme ils le feront aussi pour le couvage des œufs et la surveillance des petits.

Ils vont toujours à la pêche par groupes de même espèce. Après avoir dégringolé de rocher en rocher, ils se mettent en une seule file, si la distance à parcourir est longue et par files irrégulières, si l'eau libre est proche. Comme ils suivent toujours les mêmes routes, ils finissent par tracer de véritables chemins sur lesquels la neige est bien tassée et dont les bords portent la marque de leurs ailerons (fig. 23). Généralement debout, ils se laissent parfois glisser sur le ventre pour aller plus vite et passer plus facilement la neige molle. Quand ils hésitent sur la direction, ils se groupent, semblent discuter, et finalement emboîtent le pas derrière un chef temporaire. Arrivé au bord de l'eau, le caquetage atteint son maximum ; après avoir tâté l'eau avec une patte ou un aileron et après bien des hésitations et des cris du chef, toute la bande se bouscule pour piquer une tête (fig. 25).

Quand la pêche est terminée, les Manchots sortent de l'eau en sautant sur la glace ou les rochers avec une habileté et une agilité remarquables, qui n'égalent que leur vigueur et leur précision. M. Charcot a mesuré quelques sauts : il a trouvé parfois $2^m,75$ de hauteur verticale. La bande ne se remet en marche que lorsqu'elle est au complet, et alors l'ascension se fait en s'aidant du bec, des ailerons et des pattes, et, malgré toutes les chutes et les glissades, on arrive à la rookery, où chacun regagne son domicile particulier (fig. 9, 21).

Il faut qu'ils fassent des kilomètres pour trouver des endroits propices à la pêche ; aussi y séjournent-ils plusieurs jours, campant sur la glace (fig. 11), tandis que l'autre moitié des habitants reste à couver les œufs, attendant son tour de partir. Ils vont par files de plus de cent (fig. 16). Lorsqu'une crevasse barre la route, la bande s'arrête, se groupe en attendant l'ordre du chef de se jeter à l'eau ; puis, après de courts débats, les Manchots atterrissent de l'autre côté par un bond rapide et brusque succédant à une plongée, ce qui les fait retomber comiquement debout sur leurs pattes (fig. 21, 25).

Les éclopés, les traînards tiennent la queue, et à chaque instant les valides se retournent pour les surveiller ; s'ils les voient à bout de force, ils préviennent ceux qui précèdent, et, le mot d'ordre se transmettant à toute la colonne, on s'arrête pour laisser reposer les plus fatigués et attendre les retardataires (fig. 22).

Dans ces circonstances, ils font preuve d'une solidarité remarquable. M. Charcot en a vu un cas très curieux. Un Pingouin suivait péniblement une colonne en tombant à chaque pas. La compagnie dont il faisait partie finit par s'arrêter longuement. Voyant l'invalidité durable de ce compagnon, elle se remit en marche, mais après l'avoir confié aux soins de cinq Pingouins bien portants, qu'on vit rester auprès de lui jusqu'au lendemain matin, et tous les six ne reprirent le chemin des îlots de pêche que le soir, en faisant de courtes étapes espacées par de longs repos.

Lorsque la journée de travail est terminée, les Manchots se reposent en caquetant et vont parfois se rendre des visites à de grandes distances. Souvent on en voit se saluer fort cérémonieusement. Ils s'inclinent l'un devant l'autre, puis se redressent en allongeant le cou, levant haut la tête et le bec, avec les poitrines bien parallèles ; ils répètent ces mouvements plusieurs fois (fig. 2, 10).

Le soir et quelquefois le matin, ils faisaient entendre leur cri, qui est loin d'être agréable. C'est un son élevé qui a beaucoup d'analogie avec le braiement de l'âne. Le Dr Turquet dit qu'on peut le traduire par le son que donne la prononciation fortement accentuée des lettres suivantes *ii-âa*, *ii-âa*. D'après Hall, le cri produit par l'expiration ressemble à celui d'un âne ; celui produit par l'inspiration se rapproche du son d'une trompette.

Quand ils nageaient dans la mer et que du rivage on les appelait, ils répondaient par des *couac* très nets, parfois se rapprochaient de celui qui les appelait et même débarquaient près de lui, en sautant sur les rochers.

Leur nourriture se compose uniquement d'*Euphausia*, car, au moment où ils reviennent de la mer, leur estomac en contient parfois près d'un demi-kilogramme. Aussi, pendant la journée, du matin au soir, c'est un va-et-vient continuel qui se produit entre la colonie et le rivage ; des bandes se rendent à la mer pendant que d'autres reviennent se mettre au repos sur leurs rochers. Ils se couchent ou bien placent leur bec sous l'aile; le plus souvent, c'est sous l'aile gauche, d'après Hall.

Le D' Turquet les dit très doux, car ils se laissent approcher aisément ; on peut même s'introduire au milieu de leurs colonies sans provoquer d'effervescence. Ils ne se dérangent pas. Ils sont même timides et craintifs et fuient quand on les poursuit, sans chercher à se défendre. Il ajoute même que leur colonie, placée dans un endroit moins favorable que celle des Adélie, semblait en former une dépendance et appartenir à un peuple conquis et asservi.

D'après Andersson, le caractère du Papou est tout à fait différent de celui des deux autres espèces. Il le dit pacifique et jamais agressif, tout au moins quand il n'a ni œufs, ni jeunes. Jamais il ne l'a vu se battre avec ses semblables ou ses congénères. C'est probablement la raison pour laquelle il niche près ou au milieu des colonies de *P. antarctica* ou de *P. Adeliæ*.

Pourtant, d'après Clarke, quoique timides, ils étaient assez hardis aux Orcades pour piquer du bec les jambes des intrus humains. Quand on s'approchait du nid, ils s'enfuyaient. Ils étaient plus courageux après l'éclosion des petits; cependant beaucoup de parents les abandonnaient sans honte et sans essayer la moindre défense. Il ajoute qu'ils combattaient furieusement entre eux avec le bec et les ailes, qu'ils se donnaient des coups violents et se faisaient des morsures profondes.

D'après Sörling, à la Géorgie du Sud, ils défendent courageusement leurs œufs, et le voleur ne s'en tire qu'avec de nombreuses blessures. Quand l'un d'eux essayait de voler un œuf par derrière, l'animal se retournait vivement pour le défendre. Si l'œuf était néanmoins enlevé, la mère dépouillée se rendait résolument au nid voisin et y volait un œuf malgré les protestations bruyantes du vrai propriétaire. D'une rookery, située à 500 mètres du rivage, ils avaient fait un chemin pour se rendre à la mer entre les hauts chaumes et les amas de tussock. Le sol y était battu et uni.

Sur la terre ferme, les Manchots n'ont pas d'autres ennemis que les grands Skuas, toujours aux aguets pour voler leurs œufs.

Les Oiseaux habitant l'île Booth-Wandel quittèrent l'île du 1ᵉʳ au 15 juin par petits groupes, au moment où la mer commençait à se recouvrir d'une mince couche de glace, début de la banquise.

Au mois d'août, en plein hiver, la banquise s'étant disloquée autour de l'île à la suite de mauvais temps, on vit apparaître une bande de 500 Papous sur le sol de l'île, près des rochers qu'ils avaient quittés. Ils y séjournèrent une nuit, puis s'éloignèrent. Jusqu'à la fin de septembre, l'Expédition put en apercevoir de temps à autre de petites bandes près des rivages où la mer était sans glace.

Le retour s'est effectué du 15 octobre au 1ᵉʳ novembre, et tous les jours on voyait de nouvelles bandes débarquer et reprendre possession des rochers abandonnés quelques mois auparavant. Le 31 octobre, sur les îles Booth-Wandel et Howgaard, les Papous recouvraient tous les rochers qui sortaient de la neige et, suivant l'expression de Cook, paraissaient former une croûte sur ces rochers.

Les Manchots qui reviennent sont-ils ceux de l'année précédente ou leurs enfants? On n'est pas fixé sur ce fait. Pour s'en assurer, il aurait fallu à l'automne mettre aux jeunes de petits bracelets aux pattes.

C'est à partir de la fin d'octobre, après la fusion de la neige qui recouvrait leurs anciens emplacements, qu'ils ont commencé à amasser de petites pierres pour les ranger autour de leurs nids dans les excavations des rochers. Pendant la recherche de ces pierres, ils ne se querellent jamais entre eux.

D'après Clarke, leur nid était mieux bâti et plus grand que ceux de *P. Adeliæ* et de *P. antarctica*. Il était en pierres, haut de 40 à 50 centimètres, et il contenait quelques plumes de la queue et quelques os; ces nids étaient tenus plus proprement que ceux de leurs congénères. Ils se montraient grands voleurs quand il s'agissait de matériaux pouvant servir à la construction de leur nid.

Sörling a remarqué que ce sont surtout les mâles qui charrient les matériaux jusqu'au nid et que les femelles les arrangent ensuite. Von den Steinen a observé que les deux sexes concourent à la construction du nid.

A l'île Booth-Wandel, le début de la ponte a eu lieu le 4 novembre. La femelle pond deux œufs à plusieurs jours d'intervalle ; les œufs ayant été enlevés pour les besoins de l'Expédition, dans beaucoup de nids la femelle a pondu un troisième œuf plus petit que les deux premiers. Forster savait déjà que la ponte des Manchots est de deux ou trois œufs, parfois d'un seul.

Aux Orcades, d'après Clarke, le nombre normal des œufs est de deux ; jamais les femelles n'en pondent un troisième.

Ces œufs sont presque sphériques, plus que ceux de *P. Adeliæ*. Leur coquille est à grain très fin et *blanche* avec une légère teinte d'un bleu très léger. Leurs dimenssions sont les suivantes : 73,2 × 59,4 ; 68,9 × 60,3 ; 69,5 × 57,6 ; 68 × 56,2 ; 66,2 × 57,7 ; 66,5 × 56,8.

La récolte des œufs, à l'île Booth-Wandel et dans les environs, a été de 8 000, sans compter ceux que les hommes ont gobés sur place. Les Manchots, pour parer aux vols successifs faits par l'Expédition, ont pondu avec une persistance digne des plus grands éloges jusqu'à huit œufs ; mais ces œufs fin de ponte devenaient de plus en plus petits, jusqu'à acquérir à peine la moitié du volume des premiers.

Ce chiffre n'atteint pas celui que signale le Capitaine Wood, quand il dit qu'à leur retour à Port-Désiré ils ramenèrent 100 000 œufs de Pingouins, dont quelques-uns furent gardés à bord près de quatre mois sans qu'ils se gâtassent.

Le mâle et la femelle couvent alternativement, et l'incubation dure environ quatre semaines. Clarke admet trente et un à trente-trois jours. Les œufs en incubation sont déplacés et retournés avec le bec par l'un des animaux, pendant que l'autre et les voisins suivent l'opération avec la plus grande attention (fig. 6, 7, 14).

Sörling ayant enlevé plusieurs fois un œuf vit que la mère se remettait tranquillement à couver l'œuf restant. Une autre fois, il plaça dans un nid n'ayant qu'un œuf, un œuf du grand Skua. L'animal n'y fit d'abord aucune attention et couva tranquillement les deux œufs ; mais quelques jours après l'œuf étranger avait disparu.

Les jeunes éclosent comme des Poulets ; ils ont le bec brun, la tête est d'un gris brun, et la poitrine recouverte d'un duvet à teinte jaunâtre. Pendant les premières semaines, le ventre est très gros. Les parents restent près des jeunes et les nourrissent même après la fin de la mue. C'est ce que le D' Andersson a pu voir encore le 14 mars.

Les Manchots ont pour leur progéniture la tendresse la plus vive. Ils cherchent à les protéger contre les Mouettes, les Pétrels et les hommes. Avec une touchante sollicitude, le père et la mère restent auprès du ou des petits et les garantissent contre le vent et le froid. Lorsque se fait la rentrée de la pêche, les parents ont beaucoup de peine à se frayer un chemin à travers la horde bruyante des jeunes, qui demandent de la nourriture. Le jeune mord le cou avec le bec, puis il enfonce gloutonnement son bec dans le gosier du parent qui, de son côté, facilite l'opération par une sorte de régurgitation (fig. 3).

Vers la fin de janvier, alors qu'ils sont plus âgés, M. Charcot a pu voir qu'ils sont confiés aux soins de nourrices sèches qui les gardent pendant l'absence des parents (fig. 4).

« Les petits Pingouins, maintenant presque adultes, n'ont plus besoin de la surveillance continuelle du père ou de la mère, qui en profitent pour aller ensemble à la pêche, tandis que les jeunes, par groupes de huit ou dix, sont confiés à de grands Pingouins, remarquables bonnes d'enfants, qui veillent avec soin sur la progéniture de leurs concitoyens, groupant leurs enfants autour d'eux, les empêchant de s'éloigner ou de se risquer près des endroits dangereux. Tout cela ne se fait pas sans des gronderies, qui feraient rire si elles n'étaient touchantes, sans de petits coups de bec et quelques corrections administrées avec les ailerons. Quel merveilleux exemple de communisme! (Fig. 4, 13, 17.)

« Les jeunes Pingouins, sur le point de devenir adultes, sont particulièrement drôles. Ils changent de vêtements et perdent par plaques l'épais et ouateux duvet, véritable Eider gris et blanc souillé de tous les immondices dans lesquels ils se vautrent depuis leur naissance, pour adopter finalement et définitivement le bel habit noir bien lisse et bien luisant, ainsi que le beau plastron de chemise très blanc que portent si fièrement leurs parents. Mais la chute ne se fait que lentement et par plaques, le sol est couvert de duvet léger, ce qui ajoute encore au désordre de la ville. » (Fig. 1, 18.)

Chez les jeunes Papous, la mue paraît commencer et se terminer plus tard que chez le Manchot Adélie. Ainsi Andersson a vu que les jeunes

Papous ont commencé à muer le 9 février et ont terminé le 14 mars, tandis que chez le Manchot Adélie la mue s'était effectuée du 18 janvier à la fin de février. Clarke indique le 11 février comme étant le commencement de la mue ; cependant, chez quelques-uns, à cette date, la bande blanche du vertex avait déjà commencé à se dénuder et le cou à se foncer.

Le deuxième duvet est plus foncé que le premier. D'après Clarke, les adultes ont, en février, un plumage fané ; en mars et en avril, la queue est très petite ou parfois tombée.

Le jeune, tout en duvet, rapporté en peau par l'Expédition, est déjà d'assez grande taille et est sur le point d'effectuer sa deuxième mue. Il appartient bien à l'espèce *P. papua*, à cause de la longueur plus grande de son bec et à cause de la coloration blanche que présente déjà l'aileron sur ses deux bords.

Il est d'une couleur ardoisée noirâtre uniforme, sauf sur les côtés du vertex, où apparaissent déjà les deux taches blanches. Toutes les parties inférieures du corps et des ailes sont blanches, cette couleur remontant même assez haut vers les côtés et passant par-dessus l'insertion des ailes. Les culottes sont blanches.

Dimensions : longueur totale, 63 centimètres ; aile, 16 centimètres ; queue, 5 centimètres ; culmen, $3^{cm},3$; la longueur depuis la commissure est de $6^{cm},2$; tandis que chez les jeunes de *P. Adeliæ* étudiés, elle n'est que de $5^{cm},4$. La largeur du bec, au niveau des premières plumes, est de $8^{mm},5$; elle est de 10 millimètres chez les autres. Une plus grande longueur associée à une largeur moindre font paraître le bec beaucoup moins robuste ; l'orteil médian a $7^{cm},7$, tandis que ceux de *P. Adeliæ* ont $7^{cm},9$.

Le jeune Papou (sans numéro) que j'ai examiné dans l'alcool et qui avait déjà les deux bords des ailerons blancs avait une longueur totale de 24 centimètres, aile $6^{cm},5$, culmen $1^{cm},7$ et pas encore de queue. Sa tête est noire avec l'espace interscapulaire plus gris, les parties inférieures sont blanches, même les culottes.

Le bout des ongles seul est blanc ; la mandibule supérieure est noire, excepté les bords et la pointe extrême, qui sont jaunâtres ; la mandibule inférieure est de cette dernière couleur avec une tache subterminale foncée.

Les petits vont à l'eau assez tardivement, car leur fin duvet s'imbibe d'eau et les alourdit dans leurs mouvements.

Jusqu'à la ponte, les Mégalestris, les grands Pétrels et les Mouettes vont et viennent, inoffensifs, par la ville ; mais, à partir de ce moment, leur présence n'est plus tolérée, car il faut prendre des précautions pour la protection des œufs et des petits. Le moyen de défense est très simple et très efficace. Dès qu'un de ces ennemis est signalé au-dessus de la rookery, tous lèvent la tête en se dressant et présentent ainsi une surface hérissée de becs pointus qui l'empêchent d'atterrir.

Mais, contre d'autres ennemis, ils défendent leurs œufs non seulement avec le bec, mais aussi avec les ailerons (fig. 29). Pourtant, quand l'œuf est enlevé, ils semblent se résigner assez facilement à cette perte.

M. Charcot a pu constater avec plaisir que les filets de ces pauvres bêtes sont excellents ; leur viande rappelle celle de mulet. Elle est un peu ferme, rouge foncé et ne sent pas du tout le poisson, ce qui tient évidemment à ce que les Pingouins se nourrissent exclusivement de toutes petites Crevettes.

Les Pingouins, imbibés d'huile comme ils le sont, brûlent admirablement bien, os, chair, plumes. Pour le Phoque comme pour le Pingouin, d'ailleurs, la graisse se trouve immédiatement au-dessous de la peau et, chez les premiers, atteint de 10 à 20 centimètres d'épaisseur ; c'est un véritable manteau dont la nature les a doués ; les muscles et autres organes en contiennent au contraire extrêmement peu. Débitée par petits cubes, elle brûle facilement, donnant une chaleur très vive, avec une odeur pénétrante et écœurante.

Les chiens, au cours de l'hivernage du « Français », ont tué plusieurs centaines de ces Oiseaux, sur lesquels ils se précipitaient avec férocité, et pourtant ils laissaient leurs cadavres gisant là où ils les avaient surpris.

Les ennemis les plus dangereux de leurs colonies sont les *Ossifraga gigantea*, toujours aux aguets pour chercher à voler un jeune ; les *Chionis alba*, qui savent si bien voler les œufs, et les *Megalestris antarctica*, qui aiment et les jeunes et les œufs.

Quand les Manchots sont sur l'eau, les Léopards de mer (*Ogmorhinus leptonyx*) en détruisent de grandes quantités.

2. **Pygoscelis Adeliæ** (Homb. et Jacq.).

Catarrhactes Adeliæ Hombr. and Jacq., *Ann. Sc. nat.* (2), p. 320 (1841, Terre Adélie).
Pygoscelis brevirostris Gray, *Hist. B. Brit. Mus.*, part. III, p. 154 (1844, Terre Louis-
 Philippe ; latitude sud 64° 72′ ; longitude 171° 6′).
Aptenodytes longicauduta Peale, *U. S. Expl. Exped. Birds*, p. 261 (1848, latitude sud
 64° 40′ ; longitude est 103° 4′).
Eudyptes Adeliæ Sharpe, *Voy. « Erebus » and « Terror »*, App., p. 38, Pl. XXVIII (1875) ;
 Borchgrevink, *First on Antarctic Cont.*, p. 198-217 (photog.), p. 257 (photog.,
 Possession Island), p. 286 (Ice Carrier, Robertson Bay).
Spheniscus Adeliæ Schlegel, *Mus. Pays-Bas, Urinat.*, p. 4 (1877, Terres Adélie et Vic-
 toria).
Dasyrhamphus Adeliæ Donald, *Proc. Roy. Soc., Edinb.*, XX, p. 170 (1894, latitude sud
 61° 14′ ; longitude ouest 52° 27′, Danger Islands).
Pygoscelis Adeliæ Coues, *Proc. Ac. Philad.* (1872), p. 196 ; Sclater, *Ibis* (1894), p. 499 ;
 Ogilvie Grant, *Cat. B. Brit. Mus.*, vol. XXVI, p. 632 (1898) ; Forbes, *Bull.
 Liverp. Mus.*, II, p. 49 (1899) ; Racovitza, *Vie des Animaux*, etc., p. 23-27 (1900,
 avec photog.) ; Bernacchi, *South Polar Regions*, p. 44, 58, 190, 192, 314 (1901) ;
 Howard Saunders, *Antarctic Manual*, p. 235 (1901) ; Sclater, *Rep. « South. Cross »*
 (1902), p. 113 ; Andersson, *loc. cit.* (1905), p. 21 ; Clarke, *Ibis* (1906), p. 157.

N° 21 ♂. Tué à coups de bâton le 22 octobre, à l'île Booth-Wandel ;
iris brun, couleur feuille morte ; bec brun ; patte blanc bleuâtre.

N° 23 ♂. Adulte pris à la main et tué au chloroforme le 25 octobre 1904.

N° 24. Jeune capturé le 26 octobre à l'île Booth-Wandel et tué au
chloroforme. Estomac rempli d'Euphausides.

N° 25 ♂. Adulte tué au chloroforme le 26 octobre 1904.

N°ˢ 27, 28, ♂, ♀. Pris à la main et tués au chloroforme le 27 octobre à
l'île Booth-Wandel. Le poids du mâle était 5 650 grammes ; sa longueur
75 centimètres ; iris brun ; ailes ayant 15 centimètres. La femelle de ce
couple était plus petite que le mâle, iris brun-châtaigne ; longueur
67 centimètres.

N° 29 ♀. Prise à la main et tuée au chloroforme le 28 octobre 1904.

N° 57 ♂. Pris à la main le 12 novembre sur Rocher magnétique. Iris
brun.

N°ˢ 60, 61, ♂, ♀. Couple pris à la main à la banquise de l'île aux
Chiens, le 14 novembre.

N° 75 ♂. Forme à *menton blanc*, pris à la main sur le rivage de l'île
Convention le 21 novembre ; iris brun-chocolat ; bec noir, sauf la mandibule inférieure, la partie médiane et les bords de la mandibule supé-

rieure ; cou et menton tout blancs, sauf une zone brun grisâtre de 1 centimètre de largeur et en arc, qui s'étend le long des deux branches de la mâchoire inférieure.

Dos couvert de plumes fines à extrémité bleuâtre. Cette région montre un coin formé de plumes noirâtres sous le bord antérieur de chaque aileron ; tarses noirs en arrière, blanc légèrement rosé en avant.

Longueur totale 63 centimètres.

Cet individu est un jeune de *Pyg. Adeliæ*. Il présente sous le cou un collier à teinte légèrement brun jaunâtre à reflets dorés et correspondant à peu près au niveau de la face postérieure du crâne.

N° 97 ♀. Prise à la main, puis tuée au chloroforme, le 8 décembre 1906 ; iris marron ; pattes rose-chair ; tarses noirs en arrière.

N° 98 ♀. Capturée à la main le 10 novembre dans le canal Louis XVI.

N° 99 ♂. Capturé sur la banquise le 9 décembre.

N° 109 ♂. Capturé le 27 décembre, sur l'îlot, à l'entrée de la baie Wiencke, où il se trouvait avec deux autres de même espèce.

N° 110 ♂. Compagnon du précédent, capturé le même jour ; iris gris brun tirant sur le jaunâtre.

N° 131. Jeune Poussin sans renseignement.

Six œufs dont un de deuxième ponte.

Le Manchot Adélie, au bec noir, plus lourd, plus massif, plus humain d'aspect, forme des troupes colossales dans l'Antarctique, où il est le plus commun de tous les Manchots. Il paraît se rencontrer tout autour du pôle, car ses rookeries ont été trouvées dans la Terre Adélie, la Terre Victoria, la Terre de Graham. Bruce en a vu à l'île Laurie, l'une des Orcades du Sud, et Clarke y estime leur nombre à 5 000 000. Il est probable que c'est le point le plus septentrional où ils viennent nicher pendant l'été. Vanhöffen en a observé à la station Gauss ; mais les individus, d'ailleurs peu nombreux, ne nichaient pas dans le voisinage.

Andersson, qui visita dans les Shetland, les îles Nelson, Livingstone, Déception, n'y trouva aucune rookery d'Adélie, et il en conclut que ce Manchot n'existe nulle part dans le détroit de Gerlache, puisque Racovitza ne paraît pas l'y avoir vu nichant. Charcot a fait la remarque que plus on descend vers le sud, plus les Adélies deviennent nombreux par rapport aux Papous, dont le nombre, au contraire, va diminuant progressivement.

Le 24 février 1904, à l'arrivée du « Français » à l'île Booth-Wandel, l'Expédition trouva une colonie de quelques centaines d'individus installés sur des rochers près du rivage et contiguë à celle des Manchots Papous.

Un an plus tard, le 10 février 1905, au début du voyage de retour, l'Expédition put observer, au sud de l'île Anvers, une colonie de 300 à 400 Manchots Adélie, dont les jeunes étaient déjà gros et achevaient de prendre le plumage de l'adulte. Quelques autres colonies ont été observées dans des îlots au sud de l'île Booth-Wandel ; mais jamais leur nombre ne fut aussi prodigieusement grand que dans l'île Laurie.

Par conséquent, si la limite bien tranchée entre les aires de dispersion de *P. antarctica* et de *P. Adeliæ* paraît être vraie au nord du détroit de Gerlache, elle n'est plus exacte au sud, où les deux espèces se rencontrent à l'ouest de la Terre de Graham. Mais *P. antarctica* n'a pas fondé de colonie sur l'île Booth-Wandel. Il est logique de supposer que *P. Adeliæ* aime plus le froid que *P. antarctica*, et il ne niche sur la côte ouest de la Terre de Graham que là où les conditions climatériques sont comparables par leur rigueur à celles de la côte orientale explorée par l'Expédition Nordenskjöld.

Pendant dix mois d'hivernage à l'île Booth-Wandel, le D'' Turquet a pu observer les mœurs des Manchots Adélie.

Leur rookery occupait, sans doute par droit de conquête, l'emplacement le plus confortable à la surface des rochers, et, bien que, au pourtour de la rookery, des groupes d'individus des deux espèces fussent mélangés, le plus parfait accord régnait entre les deux républiques ; jamais on ne vit de querelle surgir entre eux pour la possession d'un creux de rocher.

D'après le D'' Turquet, les Adélie ont le bec brun, l'iris d'un gris plus clair que l'autre espèce. Les pattes sont d'un blanc rose pâle, et leur cou paraît plus court que celui des Papous.

A l'état de repos, leur attitude est la même que celle des autres espèces, ainsi que pendant la marche. Clarke dit que, lorsqu'ils marchent, ils effectuent un balancement comique du corps, en sorte qu'il les compare à un

« old salt », c'est-à-dire à un vieux loup de mer quand il aborde après un long voyage (fig. 19).

Ils sont plus souples, plus agiles, plus nobles dans leur allure et plus braves que les Papous, car ils tiennent tête à l'homme s'il fait le geste de les menacer. Et pourtant ils craignaient les chiens, car, au début, ils venaient se réfugier près des hommes, quand les chiens étaient lâchés, et s'en plaindre avec des airs indignés. Ils sont aussi plus querelleurs. Si on les attaque, ils se sauvent, mais parfois ils se retournent tout à coup et se précipitent sur les assaillants, qu'ils essayent de mordre aux jambes. Clarke dit même qu'il est nécessaire de chausser de longues bottes pour aller visiter leurs rookeries. Lorsqu'ils sont furieux, ils hérissent leurs ailes et les plumes de l'occiput et du cou, rejettent la tête en arrière et ouvrent un large bec. Turquet a remarqué qu'ils n'attaquent jamais les Papous, mais il y a souvent des combats entre eux près des nids.

D'après Clarke, quand les Papous arrivent près de leurs rookeries, ils viennent à leur rencontre en criant aussi fort que possible ; puis ils s'arrêtent après cette démonstration bruyante ; ils leur tournent le dos et s'en vont. Ce procédé réussit parfois à arrêter les Papous, qui sont plus timides.

Comme les Papous à l'île Booth-Wandel, ils ont quitté leurs rochers à partir de la fin du mois de mai, pour émigrer au loin, là où la mer reste dégagée de glace, même pendant l'hiver. Leur retour et leur réinstallation sur les rochers de l'île a eu lieu du 15 octobre au 1er novembre. Clarke signale ce fait le 7 octobre en 1903 et le 8 octobre en 1904, aux Orcades. Ils étaient alors tous gros et tous gras. Leur place favorite était un plateau caillouteux, à 150 mètres au-dessus du niveau de la mer.

Quand la saison avance, les rookeries, comme celles des Papous, deviennent des amas d'immondices, de boue, de guano, et les Oiseaux eux-mêmes deviennent repoussants de saleté.

Leur nourriture consiste surtout en Crustacés, et principalement en Euphausies, qui se tiennent en quantités considérables à la surface des eaux, près des glaces. Ils mangent aussi avec avidité diverses Annélides pélagiques, qu'ils trouvent dans les mêmes conditions.

Pour gagner leur lieu de pêche, ils préfèrent faire un long détour à pied, malgré la fatigue, plutôt que d'entrer dans la mer, car c'est évidemment là qu'ils ont le plus d'ennemis à craindre. D'ailleurs jamais un Manchot, même effrayé, ne se jettera à l'eau pour échapper à ses ennemis.

Andersson rapporte, à propos de ces Oiseaux, un fait de psychologie intéressant. Quand, au début, lui et ses compagnons commencèrent l'hécatombe des Manchots Adélie, ils ne montraient d'abord aucune peur, et même ils se plaçaient sur la défensive et se servaient de leurs ailes et de leur bec. Il était alors facile de les tuer avec un bâton ou avec une hache. Mais, peu à peu, les Manchots apprirent à leurs dépens combien les hommes étaient dangereux, et ils se mirent à fuir dès qu'ils apercevaient un homme dans le lointain. Ils se couchaient sur le ventre et travaillaient si bien avec les pieds et les ailerons qu'ils progressaient sur la glace ou la neige avec assez de rapidité pour qu'on ne puisse pas les atteindre. Sur la neige en pente, ils glissaient avec la plus grande vitesse en se servant de leurs pieds comme gouvernail.

Au moment du retour, quand ils abordent à terre, l'appariement n'est point encore fait (fig. 5). Les mâles s'emparent alors tout de suite des anciens nids et les réparent, ou s'en construisent de nouveaux, disposés sans ordre, sur des roches dégarnies de neige, dont la forme est favorable à la construction (d'après Andersson). Alors le mâle, satisfait de son travail, s'assied sur le rocher et attend qu'une femelle passe dans le voisinage pour s'en emparer. Mais, si l'accouplement se fait avant la fin de la construction du nid, la femelle y travaille aussi. Andersson n'a observé qu'un seul cas semblable.

Les nids sont formés de petits tas de pierres, creusés au centre et bordés avec des os de congénères morts ou avec des plumes de la queue. Souvent ils doivent aller à plusieurs kilomètres jusqu'au rivage pour chercher leurs pierres ; ils les rapportent dans leur bec, en donnant la préférence aux pierres aplaties et rejetant au loin les pierres arrondies. Ils les déposent avec gravité sur le nid en construction, en ouvrant un large bec et restant ensuite quelque temps immobiles comme s'ils venaient de lâcher un poids énorme (fig. 15, 28). Pendant cette période règne l'égoïsme le plus féroce.

Dès qu'ils commencent à bâtir, ils deviennent des voleurs incroyables, et même quand les jeunes sont éclos. Souvent des querelles très violentes éclatent entre eux à propos du vol de quelques petites pierres par les propriétaires d'un nid voisin. Malheur au voleur, s'il se laisse surprendre, car il est pourchassé à grands coups de bec et houspillé de belle façon, sans grand dol d'ailleurs (fig. 27).

D'après Turquet, à l'île Booth-Wandel, la ponte commença le 3 novembre. Clarke dit que le premier œuf fut trouvé le 29 octobre 1903 aux Orcades. Les œufs sont au nombre de deux dans chaque nid, quelquefois de trois. Ils ont une forme allongée, une coquille finement grenue et un aspect vert bleuâtre qui les distinguent de ceux du Papou. M. Turquet pense que le jaune n'a pas la couleur rougeâtre que l'on observe dans l'autre espèce.

Dimensions : $71 \times 56,4$; $72,4 \times 56,8$; $72,5 \times 57,2$; $69,2 \times 60,2$; $73,4 \times 54,5$; $60,4 \times 49,6$. Ce dernier, de dimension beaucoup plus faible, appartient à une deuxième ponte provoquée par l'enlèvement des premiers œufs.

Pendant qu'un Oiseau, Papou ou Adélie, couve, l'autre se tient droit à côté de lui (fig. 6, 7, 26). L'incubation dure de trente et un à trente-cinq jours aux Orcades. Les adultes sont beaucoup plus maigres à la fin de la saison de reproduction ; ils ont vécu en partie sur leurs réserves de graisse.

L'Expédition Charcot n'a pu observer les Poussins d'Adélie.

Les deux échantillons rapportés sous les numéros 75 et 131 sont des jeunes qui ont encore la gorge blanche et qui ont déjà presque les dimensions de l'adulte.

Le deuxième paraît le plus âgé, car il a perdu tout son duvet ; il est tout blanc en dessous ; seul le menton noircit, et la tache noire qui marque chez l'adulte le bout et le côté interne de l'aile n'apparaît pas encore, mais le bord en est déjà blanc.

Dimensions : Longueur totale, 67 centimètres ; aile depuis l'insertion à l'épaule, 17 centimètres ; queue, 12 centimètres.

Le deuxième est plus intéressant en ce qu'il nous montre quelles sont les régions qui conservent leur duvet en dernier lieu. Ses dimensions sont un peu supérieures à celles du précédent, et pourtant sa mue est moins avancée ; longueur totale, 69 centimètres ; aile depuis l'épaule, 18 centimètres ; culmen, $27^{cm},5$; queue, 9 centimètres. Le duvet brunâtre existe encore en partie sur le vertex et le haut de l'occiput, sur le milieu et le bas du dos ainsi que sur le bord postérieur des ailerons, à l'aisselle et sur la face inférieure, près de l'insertion. Le bord interne de l'aile est déjà blanc.

Cette forme, décrite jadis par Finsch sous le nom de *Dasyramphus Herculis* (1), n'est pas une variété. Comme Donald (2) l'a montré, c'est la forme jeune, en deuxième mue, de *P. Adeliæ*. C'est ce que Borchgrevink, à la Terre Victoria, et Andersson, aux Orcades, ont aussi pu apercevoir. Jamais les adultes reproducteurs ne présentent cette particularité. On peut donc en conclure que ces Manchots n'atteignent pas leur maturité sexuelle avant l'âge de deux ans.

3. **Pygascelis antarctica** (Forst.), 1781.

Aptenodytes antarctica Forster, *Comment. Gottingensis*, III, p. 141, Pl. IV (1781).
Pygoscelis antarctica G. R. Gray, *List Birds*, III, p. 154 (1844, 64° latitude sud); V. d.
    Steinen, *Intern. Polarforsch. deutschen Exped.*, II, p. 237, 276 (1890, Géorgie
    du Sud).
Eudyptes antarcticus G. R. Gray, *Gen. Birds*, III, p. 641 (1846); *Voy.* « *Erebus* »
    and « *Terror* » *Birds*, Pl. XXV (1875).
Pygoscelis antarctica, *Cat. B. Brit. Mus.*, vol. XXVI, p. 630 (1898; Andersson, *loc. cit.*,
    (1905), p. 32; Clarke, *Ibis* (1906), p. 152; Lönnberg, *loc. cit.* (1906), p. 86.

N° 62 ♂. Pris à la main sur la banquise le 16 novembre 1904. Iris café au lait; tarse rose-chair en avant, bleu foncé en arrière. Une fine bande noire dentelée en avant du cou; parasites, nombreux ténias.

N° 39 ♀.

N° 64 ♀. Prise au milieu d'une bande de Pingouins Papous, sur les rochers; iris café au lait; estomac rempli d'Euphausides.

N° 71 ♂. Capturé à la main le 20 novembre, baie du Sud; il était accompagné de deux Pingouins Adélie; iris chocolat; estomac rempli d'Euphausides; et nombreux ténias dans le duodénum.

N° 87 ♂. Pris à la main le 20 novembre, au milieu de Pingouins Papous; iris brun clair, café au lait; bec noir, plus fort et plus court que celui des précédents échantillons de la même espèce.

(1) Finsch, *P. Z. S.*, 1870, p. 322, Pl. XXV.
(2) Donald, *P. Z. S., Edinb.*, t. XX, p. 170-176.

N° 90 ♂. Capturé à la main le 30 novembre, accompagné de deux *P. Adeliæ* ; iris gris clair, avec pupille punctiforme.

N° 96 ♀. Capturée à la main, le 6 décembre, sur la presqu'île nord-est, par Basco ; iris marron très clair.

N° 106 ♂. Pris sur la banquise devant le bateau, le 17 décembre ; iris gris jaunâtre.

N° 111 ♂. Capturé le 27 décembre sur l'îlot à l'entrée de la baie de l'île Wiencke, se trouvait seul. Deux autres ont été aperçus dans la matinée mêlés aux Papous.

Pattes blanc rosé pâle, un peu plus blanches que celles du *P. Adeliæ* ; iris gris clair passant au marron. Estomac rempli d'Euphausides.

Le Manchot antarctique, si facile à reconnaître avec sa jugulaire noire, forme des colonies nombreuses dans les régions Antarctiques. Il a une distribution plus limitée que le Manchot Adélie. L'Expédition Suédoise a trouvé des nids dans les îles Nelson, Livingstone et Déception, ainsi que sur la Terre Louis-Philippe et dans le canal de Gerlache ; mais jamais cette Expédition ne rencontra de colonie sur la côte est de la Terre de Graham.

Sörling a rapporté deux spécimens (♀ et ♂) de la Géorgie du Sud. Ce sont les seuls qu'il ait vus, ce qui fait supposer que c'étaient des individus égarés.

D'après Lönnberg, ces Manchots se reproduisent dans quelques fjords de la Géorgie du Sud ; mais ils y sont toujours en petit nombre, puisque Sörling n'a jamais vu de rookeries. Ces îles paraissent donc être la limite septentrionale de leur aire de distribution. Ils sont très abondants aux Orcades du Sud, où ils sont, avec le Manchot Adélie, les Oiseaux les plus communs. Sur l'île Saddle, une seule rookery renfermait au moins 50 000 individus, et les îles Laurie sont regardées comme ayant une population de ces animaux atteignant au minimum 1 000 000.

Quelques individus se sont montrés le long des côtes des îles Brabant et Anvers, mais l'Expédition Charcot n'a pas observé de colonies. Elles paraissent localisées plus au nord, dans les îles qui se trouvent au nord du détroit de Gerlache.

Au mois de novembre, on en a capturé, sur le rivage de l'île Booth-Wandel, quelques spécimens qui avaient atterri isolément. C'étaient probablement des individus qui, étant allés à la pêche trop loin de leurs colonies, s'étaient égarés et avaient suivi à l'île Booth-Wandel des Papous ou des Adélies. Par conséquent le D⟨r⟩ Turquet n'a pu étudier leurs mœurs.

Ce Manchot a le même caractère que l'Adélie. Il est querelleur, combattif; il défend avec courage son nid ainsi que lui-même. Aussi une visite dans une rookery est-elle très pénible, à cause des coups de bec qu'on y reçoit. Il se nourrit de Poissons et de Crustacés; mais les jeunes paraissent préférer ces derniers animaux, puisque l'estomac des jeunes qu'examina K.-A. Andersson n'était rempli que de Crustacés.

Clarke dit qu'aux Orcades les premiers immigrants arrivèrent le 2 novembre et jours suivants. Le premier qui atterrit prit une petite pierre, et ce fut la fondation de son nouveau nid.

En général, les Manchots antarctiques choisissent pour établir leurs nids des endroits semblables à ceux qu'aime le Manchot Adélie. Ils préfèrent souvent les collines élevées, déchiquetées, pour s'y installer, comme il s'en trouve sur la côte occidentale de l'île Nelson et au cap Roquemaurel. Ils s'élèvent alors assez haut, et toutes les avancées de rochers sont couvertes de leurs nids.

La construction des nids se fait de la même manière que chez le Manchot Adélie; mais les œufs sont pondus beaucoup plus tardivement, seulement vers la fin de novembre, tandis que pour le Manchot Adélie la ponte était terminée au moins un mois plus tôt. Ceci résulte des observations de Bruce aux Orcades du Sud, qui trouva les premiers œufs d'Adélie le 20 octobre et ceux du Manchot Antarctique le 25 novembre. La ponte compte deux œufs, mais parfois trois ou un seul. Les œufs sont d'un blanc vert pâle.

Dimensions : 77 × 54, 69 × 55 ; œufs fin de ponte, 44 × 39.

La mue doit se faire en février, comme le D⟨r⟩ J.-C. Andersson l'a montré à la baie de l'Espérance, dans la Terre Louis-Philippe.

Les premiers Poussins trouvés le 7 janvier aux Orcades paraissaient avoir deux jours. Leur développement est rapide, car le 11 février on voyait déjà l'arc jugulaire noir caractéristique de l'espèce.

4. **Aptenodytes Forsteri** G. R. Gray.

Aptenodytes Forsteri G. R. Gray, *Ann. Mag. Nat. Hist.*, XIII, p. 315 (1844, latitude sud 64 à 77°).

Malgré les plus actives recherches, l'Expédition du « Français » n'a pu observer le Pingouin Empereur, même au cours de deux voyages effectués l'un du 25 février au 5 mars 1904, jusqu'au voisinage du Cercle polaire, et l'autre du 5 au 30 janvier 1905, qui a conduit les explorateurs jusque vers le 69° de latitude sud, en vue de la Terre Alexandre.

PHALACROCORACIDÉS.

5. **Phalacrocorax atriceps** King, 1828.

Phal. atriceps King, *Zool. Journ.*, IV, p. 102 (1828, Straits of Magellan).
— *imperialis* King, *P. Z. S.* (1831), p. 30.
— *carunculatus* Gould, *Zool. Voy. Beagle*, III, Birds, p. 145 (1841, Port St-Julian).
— *cirrhatus* G.-R. Gray, *List. of Birds*, t. III, p. 186 (1844).
Graculus carunculatus Schlegel, *Mus. Pays-Bas*, t. VI, Pelec., p. 20 (1863).
Phalacrocorax atriceps Andersson, *loc. cit.* (1905), p. 38; Clarke, *Ibis* (1906), p. 184.

N° 65 ♀. Prise sur le nid le 15 novembre ; iris brun ; pas de tache blanche ; un œuf trouvé près de l'orifice de l'oviducte, dans le cloaque, entouré seulement par la membrane coquillière, déformé, ovale conique, allongé.

N° 66 ♂. Pris sur le nid avec la femelle précédente, 15 novembre. La crète, comme chez l'individu précédent, est formée de trois à quatre plumes à teinte d'un bleu ardoisé soyeux. Les plumes du dos des deux échantillons présentent la même teinte.

N° 76 ♂. Pris à la main pendant qu'il pillait le nid d'un couple voisin absent, 22 novembre ; iris brun ; crète formée d'une dizaine de plumes de longueur inégale et d'un vert foncé chatoyant très sombre ; caroncules jaunes un peu rougeâtres.

N° 77 ♂. Avec crète, pris à la main sur son nid, 22 novembre ; iris brun.

N° 78 ♀. Prise sur son nid, 22 novembre ; iris brun.

N° 86 ♂. Avec testicule presque totalement atrophié. Tué avec un bâton dans la rookery des Cormorans, le 26 novembre; iris brun clair, très adulte. Il ne présente pas la coloration violette des plumes de la zone médiane de la tête, du cou, du dos et de la queue, pas plus que la coloration vert foncé des plumes des épaules; la crête est visible, mais peu développée, de même que les caroncules, qui sont rudimentaires. Les tarses sont d'un blanc rosé en avant et noirâtres en arrière. L'estomac était rempli de débris de Poissons plus ou moins digérés. Il ne paraissait pas faire partie d'un couple.

M. Turquet dit qu'un autre individu de même aspect a échappé à leur poursuite, et il admet que les quelques autres Oiseaux qu'ils ont remarqués et qui présentent cet aspect brun sale de toute la région du dos (de la tête à la queue) et des plumes des ailes sont très probablement de vieux adultes qui ne s'accouplent plus.

N° 112 ♀. Capturée à la main dans la rookery des Cormorans, sur le rivage sud-ouest de la baie de l'île Wiencke, 28 décembre. Elle se trouvait isolée et ne paraît pas avoir construit de nid; l'ovaire ne présentait pas de signe de ponte récente. Elle forme un deuxième échantillon du type Cormoran dégénéré ou très adulte.

La crête est formée de trois ou quatre plumes brunes à peine distinctes. Les plumes du dos sont de couleur marron, d'aspect soyeux, avec quelques plumes violettes; la queue est marron; le bec est brun avec couleur cornée grise à l'extrémité; les pattes sont blanc rosé en avant, brunâtres en arrière. Les paupières ont une couleur bleu très pâle et très peu marquée.

L'estomac contenait des restes de Poissons, d'un Isopode et de bras de Poulpes.

N° 113. Jeune Poussin, pris dans un nid le 29 décembre, dans la rookery des Cormorans; son plumage n'est formé que de duvet noir, avec quelques touffes blanchâtres à l'abdomen. Les pattes sont brunes. Le bec est noir avec membrane lisse, rose-chair à la base de la mandibule inférieure. L'estomac, avec des débris de Poissons, renfermait de nombreux grains de gravier.

N° 792. 2 janvier, un individu, Poussin, dans l'alcool.

N° 717. Embryons de Cormorans à divers stades d'incubation.

N° 734. Deux œufs avec embryons et un jeune nouvellement éclos dans l'alcool.

Un jeune plus âgé.

Deux œufs dont un très allongé.

On sait depuis longtemps que les *Phalacrocorax* nichent dans les glaces de l'Antarctique, car Ross a trouvé un nid de Cormorans sur la Terre Louis-Philippe, et il en vit d'innombrables spécimens sur l'île Cockburn, le 6 juin 1844. Mais l'identité spécifique en était restée douteuse jusqu'au retour de l'Expédition écossaise de 1903 dans les Orcades du Sud.

Ces Cormorans sont de fort jolis animaux, avec leur caroncule bleue et rouge à la base de leur bec jaune, avec leurs ailes bordées de blanc et les taches de même couleur qui tranchent sur le noir jais de leurs plumes.

P. atriceps typique se reconnaît facilement à la couleur blanche qui s'étend longuement sur les côtés de la tête et entoure l'oreille, à ses paupières épaisses et de couleur bleue, et à la tache blanche qu'il porte sur le milieu du dos (fig. 34).

D'après Turquet, le mâle se distingue par un bec plus fort, des couleurs semblables à celles de la femelle, mais plus brillantes, une crête un peu plus longue et plus fournie. Son cri est plus bruyant, tandis que celui de la femelle n'est qu'une sorte de souffle, de sifflement. La femelle a une taille plus faible que celle du mâle.

Jamais ces animaux ne se montrent loin de la terre, et leur présence est un indice certain que la terre n'est pas loin. Leur habitat est assez limité et se confond avec celui de *Pygoscelis antarctica*. On le trouve dans les îles du détroit de Magellan et sur la côte ouest jusqu'au Chili, dans les Orcades (Bruce), les Shetland du Sud, aux alentours de la Terre de Graham et dans l'île Booth-Wandel.

Lönnberg regarde le Cormoran de la Géorgie du Sud comme une forme spéciale qu'il a appelée *Ph. at. Georgiæ* et qu'il distingue du vrai *atriceps* de l'Antarctique.

D'après Clarke, les Cormorans aux yeux bleus, comme les appellent les explorateurs, se voient toute l'année dans l'archipel des Orcades.

Ils sont nombreux en été, mais ils évitent les grandes îles et cherchent des places pour nicher dans les petites îles ou les rochers, sur la côte des îles Laurie et |Saddle, où on a vu au moins 2 500 paires, qui couvaient, distribuées en rookeries contenant parfois 200 nids. L'hiver, ils y sont moins nombreux, mais on les vit pourtant tous les jours.

C'est ce qu'a constaté le Dr Turquet, à l'île Booth-Wandel ; seulement, pendant l'hiver, ils s'étaient abrités contre les vents froids du sud. Même pendant les journées les plus froides, on les voyait partir le matin au loin vers la mer libre, et ils rentraient le soir vers trois ou quatre heures en bataillons serrés.

Andersson fait remarquer qu'il ne les a pas vus au plus fort de l'hiver, en juin et au commencement de juillet.

Ce sont des animaux très sociables, qu'on voit rarement isolés. Une troupe de ces Oiseaux a été observée à la baie des Flandres, sur des rochers, du 7 au 19 février 1904. Une colonie comprenant environ 200 individus a été rencontrée à l'île Wiencke, près de Port-Lockroy, dans un emplacement contigu à celui des Papous, le 20 février 1904. En février 1905, l'Expédition l'a retrouvée avec des jeunes couverts de duvet et déjà assez développés.

Une deuxième colonie, ayant construit une vingtaine de nids, s'était établie sur les rochers de l'île Anvers, au bord du canal de Neumayr. Une autre vivait plus au sud, près de l'île Berthelot.

Enfin une grande colonie, composée d'un millier d'individus, était installée dans une masse de rochers désagrégés à l'île Booth-Wandel, au bord de la mer. D'humeur pacifique, ces Oiseaux entretenaient les meilleures relations d'intimité et de concorde avec une rookery de Manchots Papous et Adélie (fig. 30).

Généralement, les colonies sont moins nombreuses que cette dernière. Elles choisissent pour s'établir, de préférence, des pentes sur le versant nord, où la neige fond de bonne heure, ou bien de petites îles rocheuses, où la neige ne peut s'accumuler.

L'attitude des Cormorans à l'état de repos est comparable à celle des Manchots, car leur corps est légèrement incliné en avant (fig. 32). Souvent on en voit plusieurs centaines se poser sur la mer en rangs serrés, comme s'ils venaient d'apercevoir un banc de Poissons.

Ils sont encore plus voleurs que les Manchots, surtout quand il s'agit de matériaux de construction pour les nids. Un jour, le D' Turquet débarquait avec le matelot Rolland sur un petit massif de rochers, où des Goélands dominicains avaient établi leurs nids. A l'approche des deux intrus, les Goélands abandonnèrent leurs nids et s'envolèrent. Immédiatement, un grand nombre de Cormorans, dont les nids se trouvaient à environ 500 mètres de là, se précipitèrent sur les nids sans défense, et, en quelques secondes, ils les eurent saccagés, démolis, emportant dans leur bec les touffes de mousses et de lichens dont ils étaient construits. On peut se demander la raison de ce vandalisme, puisque le D' Turquet n'a trouvé dans les nids de Cormorans ni mousses ni lichens. Était-ce pour assouvir une vengeance ?

Au moment de la construction des nids, le D' Turquet a vu souvent des individus isolés, des paresseux probablement, attendre, posés sur un rocher, le passage de leurs congénères chargés d'une touffe d'algues et se précipiter sur eux pour leur dérober une partie de la précieuse plante.

Clarke signale les mêmes vols, mais entre Cormorans ; car, pendant que les Oiseaux timides s'enfuyaient à l'approche de l'homme, les plus hardis couraient voler les matériaux qui se trouvaient alors abandonnés.

Les Phoques en détruisent un grand nombre. Ils les saisissent à la surface de l'eau et se livrent aux exercices les plus variés avec le corps jusqu'à ce que la mort arrive.

Leur nourriture se compose essentiellement de Poissons, qu'ils attrapent aisément en plongeant. Quand ils reviennent de la pêche, on voit assez fréquemment des *Megalestris* se précipiter sur eux pour leur ravir quelques débris de Poissons emportés dans leur bec.

Andersson a vu parfois dans leur estomac des restes de Crustacés, et le D' Ekelhöf y a trouvé des graviers dont les plus gros pouvaient avoir 1 centimètre.

La viande des Cormorans a été très appréciée par l'équipage tout entier du « Français » ; seulement son goût est un peu plus fort, et elle fatiguerait plus vite que celle des Manchots.

Le 15 mai, les Cormorans n'avaient pas quitté leurs falaises du défilé de la

Hache, et ils restèrent là tout l'hiver, puisqu'ils y trouvaient de l'eau libre
où ils pouvaient chercher leur nourriture. Le D' Charcot a remarqué
qu'entre trois et trois heures un quart, très régulièrement, tous les jours,
ils revenaient à leurs falaises, isolés ou disposés en triangle, se tenant à
peine à quelques mètres au-dessus du sol, avec le cou bien allongé, et faisant entendre dans leur vol lourd un bruit métallique rythmique (fig. 38).
Quand ils prenaient terre, on les voyait décrire une courbe, étendre
leurs pattes, ramasser leur cou et battre des ailes sur place. Une fois
posés, ils se lissaient les plumes avec un air de grande satisfaction.

Ces aimables bêtes, si peu farouches, sont unies en excellents ménages
passant leur temps à s'embrasser, à se faire des amabilités dans des poses
gracieuses. Souvent elles se tiennent par l'extrémité du bec et, décrivant
de jolies courbes avec leur cou, elles balancent lentement leur tête de
droite à gauche.

Au commencement de septembre, les Cormorans deviennent plus séden-
taires; ils s'apparient sans la moindre querelle et commencent vers le 15 septembre la construction ou la réfection des nids. Ils sont si affairés à ce moment-là que les visites les laissent indifférents. Jusqu'au 15 novembre et
même au 1er décembre, les membres de l'expédition les virent apporter
des matériaux avec la plus grande activité le matin et l'après-midi.

Tandis que l'un des individus reste sur le nid, afin d'éviter le pillage
des matériaux par les congénères, l'autre s'éloigne jusqu'à 1 ou 2 kilomètres. Là, à marée basse, il plonge et reparaît au bout de quelques
secondes, tenant dans son bec une longue touffe d'algues rouges ou
brunes, qu'il emporte aussitôt dans son bec vers son nid. Deux espèces
sont surtout employées : une rouge, *Plocamium coccineum*, et une brune,
Desmaretia aculeata (fig. 31). Les filaments d'Algues sont déposés en
bordure autour du nid et agglutinés avec de la boue marine ou des excréments, de façon à constituer des édifices hauts et profonds. Le D' Turquet
a aussi trouvé sur les nids des colonies d'Antipathaires. A trois heures
et demie, le travail s'arrête, et les deux époux se font mutuellement
des grâces autour du nid en se reposant.

Bruce, sur la côte nord des îles Laurie, a trouvé les premiers nids
le 8 novembre; ils étaient composés de mousses, de lichens et de plumes;

les mousses et les lichens avaient été arrachés aux rocs voisins.

Certains nids placés sur les rochers étaient utilisés depuis plusieurs années ; d'autres étaient même directement sur la glace. Andersson a vu que les vieux nids sont réparés chaque année et qu'ils sont constitués par du guano mélangé à de l'argile, des graviers et des os d'oiseaux. A l'intérieur, ils sont tapissés d'algues et de colonies flexibles de Bryozoaires. Ils sont souvent espacés de 0^m,50, et leur bord antérieur est le plus élevé.

Les œufs ont été trouvés dans les nids le 1er novembre. Les femelles pondent de trois à cinq œufs à coquille grenue d'un blanc légèrement teinté de vert bleuâtre très clair et de la grosseur à peu près d'un œuf de poule. D'après Andersson, ce nombre n'est normalement que de deux. Leur longueur peut varier de 51 millimètres à 64 ; leur petit diamètre est de 14 millimètres et leur poids 61 grammes.

Ceux rapportés par l'Expédition du « Français » mesuraient 63 × 42 ; 61,5 × 39,1 ; 65,7 × 43,2 ; 66,7 × 36,4. Ce dernier œuf très allongé appartient évidemment à une fin de ponte. Le 6 novembre, on récolta 5 œufs de Cormorans ; le 7, 7 ; le 8, 12 et le 9, 31 seulement. Le 12 novembre, la récolte a été de 261 œufs ; un seul nid renfermait trois œufs de même grandeur, un autre deux œufs de même taille et un plus petit ; beaucoup renfermaient soit deux, soit un œuf. En tout 321. Le 15 novembre après-midi, on put récolter 422 œufs qui étaient par 2 ou isolés dans les nids.

La première omelette d'œufs de Cormorans a donc été mangée vers le 9 novembre. Tout l'équipage l'a trouvée fort bonne, malgré sa coloration un peu trop rouge. Le blanc ne se coagule pas complètement à la chaleur et prend alors, avec une teinte verdâtre, une consistance gélatineuse. Le goût de ces œufs n'est pourtant pas comparable à ceux de cane ou de poule.

Les Cormorans couvent très gracieusement leurs œufs en étendant leurs ailes de chaque côté du nid et formant sur celui-ci comme un cimier de casque de Walkyrie (fig. 35).

Les difficultés d'élevage sont beaucoup moins grandes que pour les Manchots, car, grâce à leur vol, ils peuvent franchir rapidement les distances souvent considérables qui les séparent de l'eau libre, où ils trouvent la nourriture qu'ils rapporteront à leurs petits. Ceux-ci la prennent en enfonçant la tête tout entière dans le gosier de leurs parents (fig. 40).

Il est probable que le mâle et la femelle couvent alternativement. Les Oiseaux couvant sont très confiants; ils permettent, d'après Clarke, qu'on les caresse sur leur nid. Ils ne défendent pas leurs petits. Si on approche, ils allongent le cou et se retirent sans résistance (fig. 33, 36, 41).

A leur naissance, les jeunes sont entièrement nus. Le corps est recouvert par une peau noire très plissée, avec le devant du cou et le ventre moins foncés. Les pattes et la membrane interdigitale sont blanches, mais les ongles sont noirs à pointe blanche. Le tarse est gris, le menton blanc, de même que les bords de la commissure des mandibules, la paupière supérieure et une tache au-dessous.

La mandibule supérieure est noire avec tache blanche à l'endroit, où la pointe se courbe vers le bas; la pointe externe est blanche; la mandibule inférieure est tout entière blanche à pointe noire.

Les caroncules, bien séparées au milieu, apparaissent très nettement sur les côtés, sous la forme de fines granulations blanchâtres, pas surélevées au-dessus de l'épiderme.

Un deuxième jeune Cormoran, sans autres renseignements que la date (juin 1905), mesure 46 centimètres de longueur totale. Il est couvert de filoplumes d'un noir foncé, se résolvant en duvet d'un brun grisâtre.

Le bas-ventre et les côtés présentent déjà d'assez nombreuses filoplumes blanches : elles sont plus petites et plus rares sur le vertex; quelques-unes sont disséminées sur le jugulum et la main. La tache dorsale blanche n'est pas encore indiquée.

L'angle mentonnier est jaunâtre ainsi que les bords de la commissure et une tache au-dessous de l'œil. La paupière est noire, de même que la mandibule supérieure; l'inférieure est jaunâtre, sauf la pointe. Les caroncules noirâtres sont moins visibles que dans le spécimen précédent.

On voit apparaître les douze rectrices sous la forme de douze faisceaux de rayons blancs qui continuent le tuyau de la plume. Les pattes sont grisâtres avec la membrane palmaire un peu plus claire.

Les caractères de l'adulte se dessinent peu à peu jusqu'en février, où les plumes du dessus du corps sont formées d'un mélange de plumes brunes et à éclat métallique. Un spécimen montrait déjà la tache dorsale blanche.

Les jeunes ne paraissent aller à la mer qu'assez tardivement, afin de chercher leur nourriture, vers les premiers jours de mars seulement, car le 5 mars, à l'époque où l'Expédition a commencé à prendre ses quartiers d'hiver à l'île Booth-Wandel, le Dr Turquet a vu des jeunes Cormorans qui étaient encore alimentés par leurs parents.

Le 30 décembre, les petits Cormorans sont notablement plus âgés que les Pingouins ; mais, par contre, les petites Mouettes sont à peine écloses. Les parents les conduisent à l'eau comme de petits Poussins, sans les quitter une seconde. Mais, le reste du temps, ils sont abandonnés à eux-mêmes et se cachent dans les fentes des rochers, où ils sont difficiles à apercevoir, étant donnée leur couleur.

Clarke a remarqué que les mâles tués en septembre ont la huppe bien développée, de 30 à 40 millimètres, tandis que les mâles de décembre sont ornés d'une huppe plus courte et que beaucoup de février sont dépourvus de cet ornement. Les spécimens de septembre ont un plumage plus brillant que les autres et ont les caroncules plus développées. La tache blanche dorsale varie en grandeur même chez les mâles adultes de la même saison.

Dans la colonie de l'île Booth-Wandel, le Dr Turquet a observé quelques individus qui n'étaient pas accouplés, dont deux ont été tués. Ces Oiseaux (86 ♂ et 112 ♀) présentent un plumage dont les couleurs sont moins vives que celles des individus accouplés. Il n'a pu savoir si ce sont des jeunes chez lesquels les fonctions de reproduction ne sont pas encore assez développées, ou bien des adultes trop âgés et comme tels impropres à la reproduction.

Les différences avec les adultes sont si grandes que je doute que, chez les individus âgés, il se produise des changements de coloration si importants.

Le n° 86 ♂ a toutes les parties inférieures blanches, comme chez l'adulte. Les caroncules très faibles sont encore séparées par quelques petites plumes. Le front, le vertex, l'occiput et le derrière du cou sont brunâtres; toutes les pointes des plumes commencent à se teindre en violet; quelques plumes du vertex indiquent le commencement d'une crête. Le manteau prend déjà une teinte verdâtre, et les plumes sont bordées de foncé comme chez l'adulte en plumage de noces. La tache blanche apparaît, ainsi que la couleur violette du bas du dos et du croupion; elle est plus accentuée sur les côtés. Les tectrices alaires sont brunâtres. La bande blanche de l'aile est indiquée, puisque les petites couvertures, qui sont d'un brun très clair, sont bordées de blanc à l'extrémité ainsi que quelques scapulaires. Les grandes couvertures présentent aussi du blanc à la pointe et forment ainsi sur les rémiges une deuxième bande un peu indistincte. Couvertures inférieures et culottes brunes. La queue a la même longueur que chez l'adulte, mais les deux rectrices médianes ont la hampe blanc jaune verdâtre sur toute sa longueur, avec les barbes d'un gris brunâtre. Les autres se rapprochent plus de celles de l'adulte. Toutes les rectrices sont plus pointues et paraissent moins usées que chez les adultes que j'ai examinés.

Le n° 112 ♀ présente les mêmes caractères avec des taches violacées moins nombreuses et une indication de tache blanche dorsale plus faible. Les barbes internes des rectrices sont plus foncées, et les sus-caudales présentent une bordure blanche à l'extrémité.

Ces individus, dont la taille est celle de l'adulte, paraissent donc être des jeunes de l'année précédente, et on pourrait alors conclure de ces faits qu'il faut au Cormoran deux ans pour devenir adulte et être capable de se reproduire.

Clarke (*loc. cit.*, p. 186) donne la description des jeunes en premier plumage, récoltés en décembre, mais ne parle pas de la taille des individus qu'il a examinés. Sa description coïncide bien avec celle que je viens de faire. Il ajoute que les Oiseaux un peu plus âgés pris en février ont leurs parties supérieures mélangées de brun et de métallique, et un spécimen porte même une faible indication de tache blanche. Les rectrices médianes sont noirâtres avec tige blanche. Le reste du plumage est le même que sur les plus jeunes Oiseaux.

LARIDÉS.

6. **Sterna vittata** Gm., 1788.

Sterna vittata Gmelin, *Syst. nat.*, I, p. 609 (1788) ; Pelzeln, *Reise Novara, Vögel*, p. 152
(1865, adulte de Saint-Paul) ; Sharpe, *Phil. Trans.*, CLXVIII, p. 113 (1828,
Kerguelen) ; Saunders, *Voy. « Challenger »*, II *Birds*, p. 134 (1881, Tristan da
Cunha Group et Kerguelen) ; Id., *Antarctic Manual*, p. 233 (1901).
Sterna Santi-Pauli Gould, *Handb. B. Austr.*, II, p. 399 (1865, Saint-Paul).
Sterna melanoptera Vélain, *Arch. de Zool. expérim. et Gén.*, VI, p. 53 (1877, Saint-
Paul).
Sterna vittata Saunders, *Cat. B. Brit. Mus.*, vol. XXV, p. 51 (1898) ; Sharpe, *Rep.*
« South. Cross » (1902), p. 165.

N° 30 ♂. Tué au fusil sur la plage de l'île Booth-Wandel, le 30 octobre 1904 ; dos et ventre ardoisés ; bec et pattes rouges ; iris brun sombre.

N° 31 ♂. Tué à côté du précédent le même jour. Les grandes rémiges
sont dépassées de 1 centimètre par celles de la queue.

N° 34 ♂. Tué sur la plage de l'île Booth-Wandel, le 31 octobre 1904 ;
estomac vide ; l'Oiseau, au moment où il fut tué, tenait un Poisson en
son bec.

N° 81 ♂. Tué sur la plage ouest de l'île Booth-Wandel, le
26 novembre ; iris brun-marron ; l'estomac contenait des Crevettes.

N° 82 ♀. Tuée sur la plage ouest de l'île Booth-Wandel, le
26 novembre ; son estomac était vide.

N°ˢ 83, 84, 85 ♀, ♀, ♂. Tués sur la plage ouest de l'île Booth-
Wandel, le 26 novembre ; l'estomac était vide.

N° 88 ♂. Tué sur la plage ouest de l'île Booth-Wandel,
27 novembre ; il portait de nombreux parasites externes ; estomac vide.

N° 89 ♀. Tuée sur la plage ouest de l'île Booth-Wandel, 27 novembre ;
estomac vide ; parasites externes.

N°ˢ 103 ♂, 104 ♂, 105 ♂. Tués le 13 décembre près le défilé de la
Hache ; leur estomac était vide.

Sur le n° 104 ♂, le front est blanc moucheté de noir, comme chez le
mâle adulte en hiver. Le menton et la gorge sont presque blancs, les
parties inférieures d'un gris plus pâle. Acariens externes.

Donc 10 ♂, 3 ♀ et un jeune.

Deux œufs rapportés de l'île Howgaard, 20 novembre. Ils sont de forme

conique allongée ; leur couleur est d'un vert-olive teinté de brun, avec
petites taches noires semblables à celles des œufs de Mouette.

Dimensions : 46 × 34^{mm},5.

Un œuf, 44 × 33 ; poids, 26 grammes ; 23 novembre.

Ces Sternes, tous tués de fin octobre à novembre, sont d'une couleur
gris argenté, aussi foncée en dessus qu'en dessous (manteau, ailes, parties
inférieures).

Le front, le vertex et la nuque sont noir foncé, les lores en partie
blancs, car une bande blanche étroite longe le bord de la mandibule
supérieure. Dans un spécimen (104 ♂), le front est blanc tiqueté de noir.
Une bande d'un blanc pur part de la commissure ; elle est assez large
près et en arrière de l'œil, et elle se rend obliquement à la nuque pour se
terminer au demi-collier supérieur. Sur toute la longueur, elle contraste
aussi bien avec le noir de la tête qu'avec le gris de la gorge.

Les primaires sont plus foncées près de la pointe et plus ou moins
bordées de blanc sur les barbes internes. La hampe est blanche, et les
barbes externes de la première sont noirâtres. Les secondaires sont
bordées de blanc sur le côté interne. Les sus- et les sous-caudales sont
blanches. Les deux paires de rectrices externes ont les barbes externes
d'un gris argenté très pâle. Le ventre est, sur quelques échantillons, plus
pâle que la poitrine et le devant du cou. Le bec et les pattes sont d'un
beau rouge-cerise.

En comparant cette forme aux types de l'espèce *S. hirundinacea* Less.
conservés aux galeries du Muséum, j'ai pu constater que leurs dimensions
sont plus grandes et que toutes leurs parties inférieures sont d'un blanc
pur à peine lavé de grisâtre. Les dimensions des spécimens étudiés sont
les suivantes : aile, 265 à 280 millimètres ; culmen, 29 à 31 millimètres ;
queue, 157 ; tarse, 15,5 ; elles correspondent assez exactement avec celles
indiquées par Saunders (in *Cat. of B. Brit. Mus.*, vol. XXV, p. 51)
pour *S. vittata*, mais sont notablement inférieures à celles des deux
adultes, types de l'espèce de Lesson : ailes, 300 millimètres ; culmen,
40 et 45 millimètres (jeunes, 35) ; queue, 198 et 216 ; tarse, 20 milli-

mètres. Sur le bec et les tarses, la couleur a totalement disparu. Les spécimens de l'Antarctique diffèrent aussi de ceux qui ont été rapportés de la baie Orange par la Mission du cap Horn et que M. Oustalet a nommés *S. hirundinacea*. Étant donné le grand nombre des échantillons que j'ai examinés et la constance des caractères que j'ai observés, cette espèce est donc bien *S. vittata* de Gmelin, déjà signalée à Kerguelen, Saint-Paul, Saint-Hélène, au cap de Bonne-Espérance et au Brésil.

Récemment, en 1904, Reichenow a rattaché le Sterne de la Géorgie du Sud à cette espèce sous le nom de *Sterna vittata Georgiæ*.

Quand le bateau passe près d'une île, ils accourent d'un vol rapide au-dessus du sommet des mâts ; ils se balancent en agitant leurs ailes et en faisant entendre de petits cris aigus et répétés, comme s'ils narguaient les chasseurs du bord. C'est probablement leur vol souple, élégant, qui les a fait désigner sous le nom d'Oiseaux royaux par les navigateurs.

Généralement ils vivent par petits groupes de 4, 6, 10 individus disséminés dans les massifs rocheux des rivages. En naviguant sous la latitude du Cercle polaire (66° 32′ latitude sud), le D' Turquet en a aperçu, près de la côte de la Terre de Graham, une troupe de plus de 50 individus. Par conséquent, comme le Sterne hirundinacé, ils ne se tiennent qu'au voisinage de la terre, et jamais en pleine mer.

Ils ne se posent à la surface de l'eau que pour y ramasser une Euphausie ou un fragment de Poisson aperçu de haut. Ce sont alors des cris de joie, comparables à ceux qu'émet un enfant lorsqu'il a trouvé un jouet sympathique et longtemps désiré. D'après Sörling, ils poursuivent et mangent surtout un petit Poisson, *Nothenia macrocephala marmorata*.

Ces Oiseaux ont construit quelques nids dans l'île Booth-Wandel à partir d'octobre, et ils ont disparu à la fin de la saison de reproduction vers juin, d'après Turquet.

Clarke indique pour le Sterne hirundinacé, aux Orcades, des dates plus précises. Ainsi l'Expédition observa les premiers arrivants du printemps le 21 octobre ; ils étaient absents depuis le 25 mars de l'automne précédent.

Les nids sont de simples trous dans le gravier, plus ou moins bien bordés de fragments de petites pierres. Ils sont placés au sommet de petits rochers, toujours près de la côte, en colonies composées de quelques paires seulement ; ils sont tout près les uns des autres et près de ceux de *Larus dominicanus*.

Turquet dit qu'ils pondent deux ou trois œufs, tandis que Clarke n'en admet qu'un ou deux aux Orcades pour *Sterna hirundinacea*.

D'après le Dr Ekelhöf, les œufs de ce dernier Sterne ont un bout presque pointu ; leur coquille est très mince, et leur couleur est vert-olive foncé, avec des taches brunes irrégulières.

Le premier œuf fut trouvé par les naturalistes de la « Scotia », le 14 novembre, et la ponte se continua jusqu'au 15 janvier. En 1904, Mossmann dit que le premier œuf fut trouvé le 27 novembre, et le premier Poussin le 25 décembre. Le 7 février, tous ces derniers avaient déjà perdu leur duvet. L'œuf de *S. vittata* rapporté par Turquet est d'un brun assez clair avec piqueté noir.

Dimensions : $47^{mm},5 \times 33^{mm},4$.

Ce Sterne visite aussi en été les Shetland du Sud; mais, d'après Reichenow, la forme qu'on trouve à la Géorgie du Sud est le *Sterna vittata Georgiæ* Reich., tandis que, d'après le même auteur, la forme de l'Antarctique formerait une sous-espèce particulière qui prendrait le nom de *S. macrura antistropha*.

7. Larus dominicanus Licht., 1823.

Larus dominicanus Lichstenstein, *Verz. Doubl.*, p. 82 (1823, côtes du Brésil); Darwin et Gould, *Zool.* « *Beagle* » *Birds*, p. 142 (1841, R. Argentine); Gray, *Voy.* « *Erebus and Terror* », *Birds*, p. 18 (1846, Nouvelle-Zélande) ; Gould, *P. Z. S.*, 1859, p. 97 (îles Falkland); Layard, *Ibis*, 1767, p. 459 (île Crozet); Kidder et Coues, *Bull. U. S. Nat. Mus.*, n° 2, p. 13 (1885, Kerguelen); Saunders, *P. Z. S.*, 1882, p. 400 (Chili et Pérou); Pagenstecher, *Ber. Nat. Mus. Hamburg*, 1884, p. 24 (Géorgie du Sud); Forbes, *Ibis*, 1893, p. 529 (Chatham); Sclater, *Ibis*, 1894, p. 495 et 497 (Amérique antarctique).
Larus fuscus King, *Zool. Journ.*, IV, p. 103 (1828-29).
Larus antipodus Gray, *List. B. Brit. Mus.*, *Anseres*, p. 169 (1844).
Dominicanus vociferus Bruch, *J. S. Ornith.*, 1853, p. 100.
Larus Verreauxi Bonaparte, *Naum.*, 1854, p. 211.
Larus dominicanus Saunders, *Cat. B. Brit. Mus.*, vol. XXV, p. 245; Hall, *Ibis*, (1900), p. 10; Andersson, *loc. cit.* (1905); p. 51; Clarke, *Ibis* (1906), p. 178 ; Lönnberg, *loc. cit.* (1906), p. 62.

N° 13 ♂. Goéland cendré tué au fusil le 27 août 1907 à l'île Booth-Wandel; longueur 59 centimètres; iris brun jaunâtre; bec brun avec bande médiane blanche cornée; tarse violacé en avant, blanc en arrière (jeune tacheté); couleur gris cendré.

N° 15 ♀ adulte. Goéland dominicain. Tuée au fusil le 27 août 1904, à l'île Booth-Wandel; iris gris clair; pattes jaune clair.

N° 18 ♀ adulte. Tuée le 21 septembre 1904 sur la plage; iris gris clair; bec jaune; pattes jaunes.

N° 19 ♀. Tuée le 16 octobre 1904 sur la plage de l'île Booth-Wandel; iris gris clair; bec et pattes jaunes; l'estomac renfermait des patelles, coquille et animal, plusieurs ténias dans le tube digestif.

N° 0 ♀. De grande taille, tuée sur la plage de l'île Booth-Wandel le 19 octobre 1904; iris gris clair; bec jaune; pattes jaunes; estomac avec patelles, coquille et animal, ectoparasites acariens (?) dans les plumes de la tête; nombreux ténias dans le tube digestif.

N° 20 ♂ adulte. Tué sur la plage de l'île Booth-Wandel, le 19 octobre 1904; iris gris clair; bec jaune; pattes jaunes; estomac avec patelles; ténias dans l'intestin; plus gros que les femelles et plumage plus fourni.

N° 47. Tué le 9 novembre 1904, plage de l'île Booth-Wandel; couleur grise.

N° 48 ♂ jeune. Sans renseignements.

N° 50 ♂. Plumage de couleur grise (sans doute un individu jeune), tué le 5 novembre à l'île Booth-Wandel; iris gris clair; estomac vide.

N° 51 ♀. Plumage de couleur grise, tuée le 5 novembre 1904 à l'île Booth-Wandel.

N° 52 ♂ jeune. Plumage de couleur grise; tué le 5 novembre 1904 à l'île Booth-Wandel.

N° 53 ♂ jeune. Tué le 5 novembre 1904 à l'île Booth-Wandel; plumage gris; iris gris clair; dans l'estomac, des patelles et des plumes de Manchots. Plusieurs ténias dans le péritoine.

N° 54 ♂ adulte. Tué le 10 novembre sur la baie Nord, au pied du mont Rouillé; bec jaune; dans l'estomac, des patelles à demi digérées.

N° 55 ♂ presque adulte. Tué le 10 novembre sur la baie Nord, près le mont Rouillé; iris gris clair; pas de parasites.

N° 108 ♂ (carnet de voy. ♀) très jeune. Tué le 23 décembre, par M. Turquet, sur le rivage de l'anse du bateau et capturé après une longue course avec le canot major et la baleinière. Iris gris clair, tirant sur le jaune; pattes blanc jaunâtre; bec noir; couleur cornée au sommet, dos gris plutôt blanchâtre; tête plutôt blanche avec plumes noires; queue gris blanchâtre dont les plumes sont noires à leur extrémité.

Deux sans numéros ont des taches blanches sur les couvertures des ailes.

Un œuf.

N° 114 ♂ jeune. Avec plumage duveteux, capturé sur îlot, à l'entrée du port Pingouin, dans la rookery aux Mouettes, 29 décembre; le bec est gris avec tendance au jaune à l'extrémité, tandis qu'il est noir sur un échantillon plus âgé, avec couleur cornée grise à la pointe.

La couleur générale est blanc brunâtre, avec touffes de duvet noirâtre sur la nuque et le cou en arrière; l'estomac renfermait des débris de coquilles de patelles.

N° 115. Mouette grise, tuée par Rey dans la baie nord de l'île Anvers, le 5 janvier; l'iris est brun, le bord des paupières d'un rouge plus marqué. Les grandes tectrices sont brunes à extrémités blanches; tarses et membrane palmaire d'un blanc bleuâtre.

N° 128 ♂ jeune. Sans renseignements.

20 Novembre : Plusieurs œufs de forme allongée, conique, de couleur brune olivâtre avec petites taches rondes ou irrégulières et brunes. Dimensions : 73^{mm},5 × 55 millimètres.

23 Novembre : Quatre œufs, le plus grand pesait 125 grammes et avait 80 millimètres × 51^{mm},5.

N° 733. Jeune Goéland venant de sortir de l'œuf; dans l'alcool.

N° 762. Jeune Goéland dominicain plus âgé, 29 décembre 1904, île Wiencke; dans l'alcool.

Le Goéland dominicain, qui est d'un beau blanc pur, avec le dessus des ailes brun, le bec et les pattes jaunes, l'iris gris clair, a une aire de distribution très vaste s'étendant du 10e degré de latitude sud jusqu'au Cercle polaire. Il ne paraît très abondant nulle part dans les régions antarctiques, mais il est plus fréquent dans les îles subantarctiques.

Andersson l'a signalé nichant en trois endroits, sur la côte nord-est de la Terre de Graham, sur la côte sud de l'île Trinity et sur l'île Valdivia.

Charcot parle d'une colonie comprenant deux douzaines d'individus, établie à l'île Booth-Wandel, dans les rochers, près de la mer, ainsi que d'une deuxième de même importance qui construisit des nids sur l'île Goudier, à Port Lockroy et sur une petite île voisine.

Ces animaux sont très méfiants, car ils ne se rapprochent jamais de l'explorateur en deçà d'une portée de fusil. Leur cri ressemble assez à celui de la Chouette le soir, et, quand ils aperçoivent le chasseur en marche ou embusqué, ils semblent le narguer en faisant entendre des sortes d'exclamations : *hâ*, *hâ*, *hâ*, etc.

Sörling dit qu'il ne les a jamais vus en pleine mer, et Hall pense qu'ils n'osent s'y aventurer, car leurs ailes ne sont pas très puissantes. Pendant un orage, ils se posent, les ailes demi-étendues, par milliers, sur le kelp, qui les protège contre la violence de l'ouragan.

Le bec très épais de cette espèce fait supposer que ces animaux se nourrissent de Mollusques. En effet, le Dr Turquet a constaté qu'ils vivent de patelles fixées aux galets et qu'ils recueillent à marée basse. C'est leur nourriture favorite. Ils les emportent dans les rochers, et là ils dévorent l'animal, en sorte que les coquilles s'accumulent en si grand nombre là où ils nichent qu'elles forment une couche épaisse entre les blocs de rochers. Ces amas abritent deux ou trois espèces de petits Acariens et la Mouche antarctique (*Belgica antarctica*).

Au mois d'avril 1904, à l'île Booth-Wandel, M. Turquet a vu des *Megalestris* et de grands Pétrels occupés à dévorer des cadavres de Phoques qui venaient d'être tués. Près d'eux se trouvaient de nombreux Goélands qui regardaient, mais ne touchèrent pas à la viande.

Lönnberg rapporte qu'au contraire les Goélands deviennent des hôtes réguliers des campements quand la pêche de la Baleine a commencé. On les a vus ramasser alors tous les rebuts, même ceux de graisse de Baleine. Quand ils voulaient saisir un objet dans un endroit peu profond, ils faisaient un saut en l'air, et, les ailes demi-déployées, ils s'enfonçaient juste assez pour que la pointe de leurs ailes ne fût plus visible à la surface. Les Damiers sont de meilleurs plongeurs, ils ne dédaignent pas les cadavres, mais préfèrent les déchets des campements.

Au plus fort de l'hivernage, pendant les mois de juillet et d'août, ils se sont éloignés de leur habitat ; mais, de temps en temps, on voyait quelques individus passer au vol le long des rivages de l'île Booth-Wandel. Clarke assure qu'à Saddle et à l'île Laurie des individus furent aperçus tout l'hiver.

Ils sont courageux, car ils font face à l'ennemi sans se laisser effrayer. Ils se tiennent immobiles, en tournant la tête du côté de l'ennemi et en ouvrant un bec menaçant, tout en poussant leur *couick* avec la plus grande régularité.

Sörling décrit les nids comme étant faits de chaumes de tussock, de mousses, d'algues et matériaux semblables. Clarke ajoute que, dans les Orcades du Sud, ils sont bien construits, avec des algues, des mousses, des lichens et des plumes, et qu'ils sont entourés d'une grande quantité de patelles. Ils se trouvent dans les dépressions des rochers.

D'après le D' Turquet, la ponte se fait vers le 10 novembre, et chaque nid renferme deux ou trois œufs.

Clarke assure qu'aux Orcades le retour eut lieu à la mi-octobre 1903, que les adultes s'apparièrent le 3 novembre et que les premiers œufs furent pondus le 15 novembre.

En 1904, Mossmann indique le 23 novembre. Sörling dit qu'en règle générale il y a trois œufs par nid ; c'est aussi l'opinion de Von den Steinen dans la Géorgie du Sud, d'Andersson sur la Terre de Graham, tandis que Hall, à l'île Kerguelen, assure que la plupart des nids ne contenaient que deux œufs. Ce dernier, d'ailleurs, a constaté que tous les nids étaient dans les varechs, juste au-dessus de la haute mer, avec une seule exception : l'un d'eux était dans l'herbe.

Ordinairement les nids sont placés sur des rochers plats, abrités plus ou moins les uns par les autres.

Von den Steinen trouva les nids dans la zone du flux et du reflux sur des rochers couverts d'herbes. Les œufs reposaient sur un simple lit de chaumes un peu pressés. Andersson put constater d'autre part que certains nids, placés simplement sur la neige, étaient construits uniquement avec de la mousse.

Les œufs ressemblent beaucoup à ceux de *Megalestris*. Ils ont une couleur chamois olivâtre brillant ou brun clair avec des taches arrondies plus ou moins foncées, irrégulièrement distribuées, et qui parfois montrent une tendance à se fusionner au gros bout. Les taches sous-jacentes sont cendrées. Ces œufs sont de taille assez forte pour l'animal. Le grand axe varie de 70 à 75 millimètres, le petit de 50 à 55 millimètres.

L'échantillon rapporté par l'expédition mesurait $73^{mm},4 \times 50^{mm},9$.

Le Dr Turquet a enlevé les œufs dans cinq ou six nids. Les couples ont construit d'autres nids toujours dans les rochers, non loin des premiers, mais plus près de la mer. Un jour, débarquant près de l'endroit où se trouvaient ces derniers nids, le Dr Turquet provoqua la fuite des Goélands qui abritaient leurs œufs. Mais immédiatement des Cormorans établis à 500 mètres de là vinrent tout saccager et emporter tous les matériaux, bien qu'ils n'emploient pas les mêmes pour la construction de leurs nids.

Le jeune Goéland dominicain près de sortir de l'œuf a les caractères suivants :

La base du bec est noire, mais le bout est blanchâtre.

Les filoplumes sont allongées, blanches sur la moitié de leur longueur et presque entièrement blanches sur le ventre. Sur le dos, elles sont bien séparées en deux par une bande médiane nue ; l'aile n'en porte que sur les bords.

Les pattes sont nues jusqu'au milieu de la jambe, et les tarses sont bien marqués d'anneaux et de squames dépassant le talon. Les paupières sont à peines ouvertes.

Les joues sont blanches, le front est noirâtre, mais le ventre est plus blanc. Quand l'enveloppe cornée de la filoplume tombe, la touffe de rayons cornés qui y était contenue s'étale ; les barbules apparaissent sur les deux tiers inférieurs, et il se forme les plumules constituant le duvet grisâtre du Poussin.

Un deuxième Poussin (n° 762), un peu plus âgé, présente encore exacte-ment les mêmes caractères.

Le premier jeune signalé aux Orcades est du 28 décembre 1903 ; il avait déjà une semaine. De nouveaux œufs pondus le 3 décembre éclorent le 28 décembre. L'incubation dure donc vingt-cinq jours.

La période en duvet doit se prolonger longtemps, puisque des jeunes furent encore observés le 30 juin 1904.

Les jeunes Goélands vont de bonne heure à la mer, alors qu'ils sont encore recouverts d'un duvet grisâtre.

Au 1ᵉʳ février 1905, ceux qu'a tués l'Expédition étaient un peu moins gros que les adultes, mais ils volaient presque aussi bien qu'eux, et ils étaient couverts d'un plumage grisâtre, même sur la poitrine.

Le passage du duvet au plumage de l'adulte doit se faire en plusieurs saisons, donc par plusieurs phases. L'Expédition a rapporté divers spécimens qui offrent un certain intérêt à ce point de vue.

Le n° 51 ♀ a déjà le plumage de l'adulte, sauf que les ailes sont encore brunâtres avec les couvertures bordées de blanc. Les cubitales sont déjà largement blanches au bout, et le bec est jaunâtre.

Le n° 128 ♂ est d'un stade moins avancé. Toutes les parties supérieures sont brunâtres par suite de la présence de longues taches de cette couleur le long des hampes. Sur le dos, chaque tache s'élargit, et il ne reste plus qu'une simple bordure blanche. Les sus- et les sous-caudales sont blanches avec une tache brune subterminale triangulaire et d'autres petites plus ou moins effacées et irrégulières.

Les rectrices sont blanches à la base, puis portent quatre ou cinq bandes noires étroites, et une dernière, qui occupe à peu près la moitié de la longueur, est bordée de blanc à la pointe.

Le menton est blanc, mais le reste des parties inférieures est moucheté par des petites taches foncées subterminales ; le bas-ventre est déjà blanc.

Le bord alaire est d'un blanc tacheté ; les cubitales et toutes les couvertures sont bordées de jaunâtre ; les sous-alaires sont mouchetées. Les rémiges primaires sont noires ; les secondaires sont légèrement bordées de blanc avec les barbes internes pâles sur une largeur variable ; le bec est noir, et les pattes sont encore un peu plus foncées que chez l'adulte.

Il est probable que c'est un deuxième plumage, car la taille du spécimen est celle d'un adulte.

8. **Megalestris antarctica** (Less.).

Lestris antarcticus Lesson, *Ornith.*, p. 616 (1831, Falkland, Nouvelle-Zélande) ; Gray
    in Dieffenb., *Trav. N. Zeal.*, II, App., p. 200 (1843) ; Id., *Voy. « Erebus » and
    « Terror »*, p. 18 (1846).
Stercorarius antarcticus Gray, *His . B. Brit. Mus., Anseres*, p. 167 (1844, île Campbell) ;
    Giglioli, *Faun. Vert. Oceano*, p. 61 (1870) ; Sharpe, *Phil. Trans.*, CLXVIII
    (vol. suppl.), p. 109, Pl. VII, fig. 1-2 (1879, Royal Sound and Christmas Har-
    bour, Kerguelen) ; Mac Cormick, *Voy. « Discovery »*, I, p. 142 (1844, Campbell) ;
    Buller, *B. N. Zeal.*, 2ᵈ ed., p. 63 (1888).
Megalestris antarctica Saunders, *Cat. B. Brit. Mus.*, XXV, p. 321, Pl. I (1896) ; Hall,
    Ibis (1900), p. 8 ; Sharpe, *Rep. « South. Cross »* (1902), p. 172 ; Andersson,
    loc. cit. (1905), p. 49.
Catharacta antarctica Lönnberg, *loc. cit.* (1906), p. 58.

N° 41 ♂. Tué au fusil le 4 novembre à l'île Booth-Wandel ; iris brun
clair ; bec noir ; tarses noirs, couleur générale brun foncé sur le dos
avec deux miroirs triangulaires sous les grandes plumes des ailes ;
dans l'estomac, débris de Poissons et de Crustacés.

N° 42 ♀. Tuée le 4 novembre 1904 à l'île Booth-Wandel ; iris châtain.

N° 49 ♂. Tué le 5 novembre à l'île Booth-Wandel ; iris brun, marron
clair ; estomac rempli de débris de plumes de Pingouins.

N° 56 ♂. Tué le 12 novembre sur un Phoque mort au sommet nord de
l'île aux Chiens ; bec et pattes noirs ; couleur générale noire avec miroir
blanc sur et sous les grandes rémiges ; bec petit.

N° 67 ♀. Tuée sur un cadavre de Phoque crabier, le 16 novembre ; près
de la boucherie ; iris marron, estomac vide ; le bout des plumes du dos
est blanchâtre.

N° 68 ♂. Tué avec le précédent le 16 novembre.

N° 69 ♂ jeune. D'une taille plus faible que les précédents. Tué sur un
Phoque crabier, le 16 novembre au soir, près de la boucherie ; son estomac
contenait des grains de sable assez gros et des plumes.

N° 72 ♂. Tué dans les rochers aux Mouettes, le 29 novembre ; iris
brun.

N° 73 ♂. Tué le 19 novembre, près du bateau, sur le cadavre d'un
Phoque crabier ; dans l'estomac, graviers et débris de plumes.

N° 74 ♀. Tuée au sommet du mont Jeanne le 19 novembre dans l'estomac des débris de Poissons et des Euphausides.

N° 79 ♂. Tué le 24 novembre près du bateau sur un Phoque crabier ; iris brun-marron ; couleur générale noire assez foncée sur le dos, avec plumes du cou d'un jaune doré brunâtre ; couleur blanche sous l'aile ; bec petit.

N° 80 ♀.Tuée le 24 novembre sur un cadavre de Phoque avec le numéro précédent ; iris brun-marron ; couleur générale, ventre et cou plus clairs que dans le spécimen précédent.

14 Décembre : Œufs de *Megalestris antarctica* trouvés sur les rochers du mont Jeanne. Leur couleur est brun-olive avec des taches brunes irrégulières, de forme ovoïde conique régulière. La texture de la coquille est finement grenue. Un seul a été rapporté.

20 Novembre : A l'île Hovgaard, M. Turquet observa un *Megalestris* emportant dans son bec un œuf de *Larus dominicanus*.

Pendant l'été, les *Megalestris* antarctiques sont aussi répandus que les Goélands dans les régions polaires australes. D'après Turquet, ils ne vivent pas à proprement parler en colonies, mais on les trouve dans les massifs de rochers (mont Jeanne), où ils construisent leurs nids assez tard, vers le mois de décembre.

Ce sont des Oiseaux subantarctiques, qui se rencontrent depuis la Terre Louis-Philippe jusque dans l'Antarctique et, par conséquent, qui ont une distribution identique à celle de *Pygoscelis papua*.

Très peu méfiants, ils se laissent approcher à moins de quelques mètres ; on peut facilement les photographier (fig. 43).

Ce sont de vrais pirates, qui ne cherchent qu'à s'emparer des œufs et à tuer les jeunes des autres espèces pour les dévorer, et qui, penchés sur la crête d'un rocher, sont toujours à l'affût d'un mauvais coup à faire. Un jour Andersson vit l'un d'eux attaquer un Adélie blessé, et Skottsberg en vit un autre poursuivre un Cormoran en le frappant à grands coups sur les ailes jusqu'à ce qu'il fût tombé. Aussitôt un certain nombre d'entre eux se précipitèrent pour partager la proie.

Quand il croit l'occasion favorable, il n'hésite pas à s'abattre sur un nid de Mouettes, et il emporte un œuf avec son bec dans les airs. Les parents le poursuivent en criant de colère et de chagrin ; mais le voleur sait les dépister et va déposer son larcin sur un rocher, où il attend tranquillement les Mouettes, qui alors, n'osant plus l'attaquer de face, retournent soigner l'œuf unique qui leur reste.

Il semble qu'il choisisse intentionnellement le voisinage des rookeries de Manchots pour y établir son nid, afin d'avoir ainsi facilement de la nourriture (fig. 42). Dès qu'un Oiseau est blessé ou dès qu'un jeune quitte la protection de sa mère, il le happe rapidement. Andersson put constater cette installation dans cinq endroits différents, aux îles Nelson, Paulet, Cockburn, Seymour et à la baie de l'Espérance. D'après Hall et Sörling, sa voracité est telle qu'il dévore même ses œufs et ses propres petits.

Quand un Phoque vient à être tué, on en voit toujours plusieurs se poser sur le cadavre, en compagnie de *Daption*, *Larus*, *Chionis*, et ils le dévorent en avalant des morceaux énormes. Souvent il leur arrive alors de se quereller et d'échanger des coups de bec en poussant des cris perçants.

Lorsque les Cormorans reviennent de la pêche, ils se précipitent à leur poursuite, pour leur enlever quelques fragments des aliments qu'ils rapportent pour leurs petits.

Turquet ayant un jour blessé un Sterne d'un coup de fusil, cet animal tomba sur la neige, mais un *Megalestris* l'ayant aperçu se précipita sur lui et l'emporta d'un vol rapide.

Turquet rapporte qu'un matelot lui a raconté avoir vu un *Megalestris* saisir dans un nid un œuf de Pingouin et l'emporter dans les rochers ; puis, après quelques instants, il l'avait rapporté dans la colonie sans le casser.

D'après Andersson, les *Megalestris* ne s'éloignent pas de la terre et se tiennent pendant l'été à peu près toujours dans le voisinage de leurs nids. Jamais il n'en vit en pleine mer.

En hiver, on ne les aperçoit jamais. Ils disparaissent déjà au commencement de mars, dès que les jeunes sont capables de voler, et ils reviennent vers le commencement du printemps. Souvent on en aperçoit quelques-uns dès la fin de septembre ; mais ils ne deviennent nombreux qu'à la fin d'octobre. A l'île Booth-Wandel, ils ne sont partis que vers la fin du mois de mai, au commencement de l'hivernage, et ils ne sont revenus qu'au 1er novembre.

Ils ont construit leurs nids sur le gravier dans les premiers jours de décembre. Parfois on trouve autour du nid quelques touffes de mousses ou de lichens. Quelquefois même le nid est construit dans un creux de rocher, avec des plumes et du duvet de Pingouin.

D'après Clarke, ils se sont installés aux Orcades sur des rocs moussus ou sur des plateaux élevés de 100 à 150 mètres au-dessus du niveau de la mer. Les nids consistaient en trous très bien faits dans les mousses, avec des fragments des mêmes plantes formant le bord.

Les nids trouvés par Andersson, à l'île Nelson, formaient une légère dépression dans la mousse, et ils étaient intérieurement recouverts de mousses arrachées. Ils sont donc difficiles à découvrir ; jamais il n'a vu plus d'un œuf ou d'un jeune dans un nid, tandis que Turquet en a trouvé un ou deux. Sörling en a vu ordinairement deux, souvent trois par nid.

Les œufs sont brun jaunâtre avec des taches plus foncées. Dimensions indiquées par Lönnberg : 72×55 et 78×53 millimètres. L'œuf rapporté par l'Expédition française mesure $79,1 \times 53$.

Sörling croit que seule la femelle couve ; mais le mâle se tient alors tout près d'elle.

Le 25 février, un chien tua un jeune *Megalestris* encore revêtu de son duvet dans un îlot près de l'île Booth-Wandel. Les jeunes de cette espèce sont bruns et, par conséquent, difficiles à apercevoir, tandis que ceux de *M. maccormicki* sont blanc grisâtre (« *Southern Cross* » *Coll.*, p. 167). L'expédition écossaise, le 29 janvier, ayant trouvé des Poussins âgés d'une semaine, on peut calculer que l'incubation dure six semaines à peu près. Quand ces Oiseaux ont des petits, ils les défendent avec acharnement.

Sörling a observé que, si on approche d'un nid de Skua, on voit tout de suite s'il y a des œufs ou des jeunes. L'animal se tient alors avec les ailes étendues en dessus, la tête penchée sur le sol et criant aussi fort que possible. Il ne s'enfuit pas avant qu'on ne soit tout près du nid ; mais, si on lui touche les ailes, il est prêt à l'attaque. Il se précipite sur l'intrus en essayant de le frapper avec les ailes, puis il s'enlève dans les airs et répète l'attaque avec des tournoiements inquiétants jusqu'à ce que l'ennemi se soit retiré des environs du nid.

C'est ce que le Dr Turquet a pu constater aussi à l'île Wiencke.

PROCELLARIIDÉS.

9. Oceanites oceanicus (Kuhl).

Procellaria oceanica Kuhl., *Beitr.*, p. 136 (1820) ex Bank's Icon., n° 12.
Procellaria Wilsoni Bp., *Journ. Ak. Phil.*, III, p. 231, Pl. IX (1823).
Oceanites Wilsoni Keys. et Blas., *Wirb. Europ.*, p. XCIII, p. 238 (1840).
Thalassidroma oceanica Schinz, *Europ. Faun.*, I, p. 307 (1840).
Oceanites oceanicus Sharpe, *Phil. Trans.*, CXLVIII (vol. suppl.), p. 132 (1879, Terre
      Louis-Philippe, Royal Sound, Kerguelen); Racovitza, *Vie des animaux*, p. 42
      (1900); Borchgrevink, *First on Antarctic Continent*, p. 54 (1901, latitude sud
      61° 56', longitude est 153° 53'), p. 64 (pack-ice, Jan. 3, 1899), p. 118 (Terre Victo-
      ria), p. 231; Bernacchi, *South Polar Regions*, p. 204 (1901, Terre Victoria),
      p. 315 (Cap Adare); Saunders, *Antarctic Manual*, p. 235 (1900); Hall, *Ibis*
      (1901), p. 19; Sharpe, *Rep. « South. Cross »* (1902), p. 139; Clarke, *Ibis*
      (1906), p. 166; Lönnberg, *loc. cit.* (1906), p. 83.

N° 100 ♀. Prise au nid au mont Jeanne, le 11 décembre ; iris brun ; couleur générale noire, avec croupion blanc ; dessus des ailes et la moitié interne marron clair ; dessous des ailes, face ventrale, poitrine et abdomen marron clair ; bec noir, tarses moins allongés, membrane palmaire jaune à leur partie moyenne.

N° 101 ♂. Pris au vol à la main le 1er décembre près de la maison démontable ; iris marron, bec et pattes noirs ; dans l'estomac, des Cre-vettes parasites externes acariens.

N° 102 ♂. Tué le 13 décembre dans les rochers du mont Jeanne, près de son nid contenant un œuf, qui fut récolté et conservé ; iris marron ; bec et pattes noirs ; œuf ovoïde, puis conique, avec une couleur blanche, légèrement rougeâtre, et la surface finement grenue. Dimensions : 31 × 22 millimètres.

N° 107 ♂. Capturé sur un nid par P. Dayné, le 22 décembre, sur les rochers du mont Jeanne ; iris marron foncé, bec noir, pattes noires. Il présente pour le plumage et la grosseur du testicule tous les carac-tères d'un adulte. Dayné prétend que c'est un jeune qu'il a recueilli dans un nid placé sous une grosse pierre et qu'il a vu le père et la mère entrer et sortir alternativement du trou où se trouvait le nid. Après avoir soulevé la pierre, il le saisit sans qu'il s'envolât. Il y trouva encore des débris de coquille et un embryon détérioré.

N° 656. Un embryon dans l'œuf.

2 Janvier : Trois Océanites paraissant adultes ont été capturés par Rolland sur deux nids trouvés dans des rochers au bord de la baie. Iris marron foncé. Un œuf en mauvais état.

L'Oiseau des tempêtes a, de tous les membres de son groupe, l'aire de distribution la plus vaste, dans les régions antarctiques et subantarctiques.

Ainsi sa présence a été constatée à la Terre Louis-Philippe, dans la Géorgie du Sud, dans les Orcades du Sud (Bruce), à Kerguelen (Hall), au mont Gauss, dans la Terre de Guillaume II (Vanhöffen), et enfin ses nids ont été trouvés dans la Terre de Victoria (« Southern Cross », et « Discovery »), par 78° de latitude sud.

Sörling en vit un grand nombre dans la Géorgie du Sud durant tout l'été ; mais ils disparurent à la fin de mars et ne revinrent qu'au commencement d'octobre, quand Sörling quittait l'île. Ces données concordent avec les observations de l'Expédition écossaise, car les animaux apparaissant le 11 et le 12 novembre aux Orcades du Sud disparurent le 13 mars. Sörling ne trouva pas de nids dans la Géorgie du Sud, mais des mâles tués le 14 décembre présentaient des espaces nus symétriques à la face inférieure du corps, et il y a tout lieu de croire que ces espaces nus ont certains rapports avec l'incubation.

Ainsi le mâle couverait lui-même les œufs. Mais la preuve matérielle que cet Oiseau niche dans la Géorgie du Sud reste encore à faire.

Clarke le dit très abondant en été dans les Orcades, mais moins que le Pigeon du Cap et le Pétrel des Neiges. De nombreux groupes nichèrent dans les falaises de l'île Laurie.

Pendant l'hivernage du « Français » à l'île Booth-Wandel, de février à fin décembre, on en vit constamment quelques individus isolés même au plus fort de l'hiver. Andersson ne vit l'Océanite qu'au printemps à l'il

Paulet le 7 et le 8 novembre; et il affirme qu'il ne passa pas l'hiver à la baie de l'Espérance.

Vers le 15 novembre, ces Oiseaux ont construit quelques nids à l'île Booth-Wandel, au fond des anfractuosités des rochers. Ces nids sont de simples trous dans le gravier, sans autres matériaux. Dans l'un d'eux, le Dr Turquet trouva un œuf blanc ovoïde et, sur les autres, l'Expédition captura plusieurs individus adultes.

Le Dr Andersson raconte qu'ayant vu plusieurs fois un Pétrel se faufiler entre quelques pierres placées non loin de sa tente, Duse enleva les pierres le 11 janvier et attrapa l'Oiseau avec les mains.

Il put voir que le nid était très simple et constitué par quelques plumes au milieu desquelles se trouvait un seul œuf. Le 5 février, Duse trouva un deuxième nid tout près du premier. De pareils nids peuvent donc facilement passer inaperçus. Clarke dit même que ce Pétrel ne construit pas de nid, qu'il dépose simplement ses œufs dans des trous, dans des fissures parfois assez étroites et assez profondes pour qu'on ne pût les obtenir qu'au moyen d'une cuiller dont on avait allongé le manche avec un bambou.

Ces Oiseaux reviennent pondre au même endroit, comme l'attestent les débris de coquilles et les cadavres des jeunes de la saison précédente.

Les œufs mesurés par Clarke avaient 33^mm,7 sur 24 millimètres. Le plus grand avait 36×24 et le plus petit 32×23.

Celui récolté et rapporté par le Dr Turquet est d'un blanc assez pur, mais il paraît un peu plus petit, et il est en trop mauvais état pour qu'on puisse prendre des mesures exactes.

Clarke admet que les Orcades du Sud forment la limite nord de la ponte et que plus au sud l'élevage des jeunes réussit mieux.

L'Expédition Charcot a rapporté en outre un jeune recueilli en novembre 1904 et qui est encore dans les enveloppes embryonnaires. Les filoplumes sont d'un noir foncé et très longues, surtout sur les ailes, où elles ont 2 centimètres de long. Leur enveloppe cornée est très résistante, et la dissociation en plumules se fait plus difficilement.

Le front est nu, le bec noir; les pattes sont blanchâtres dans toute leur longueur ainsi que la membrane palmaire; mais les ongles sont noirs.

PUFFINIDÉS.

10. **Thalassœca antarctica** (Gm.), 1788.

Procellaria antarctica Gmelin, *Syst. Nat.*, I, p. 565 (1788).
Thalassœca antarctica Coues, *Proc. Acad. Nat. Sc.*, Philad., 1866, p. 31, 192 ; Salva-
dori, *P. Z. S.*, 1878, p. 737 (Barrière de glace); Buller, *B. N. Zeal*, 2nd ed., p. 229
(1888); Sclater, *Ibis*, 1894, p. 408 (Antarctic ice-barrier, Feb.) ; Salvin, *Cat. B.
Brit. Mus.*, XXV, p. 362 (1896); Sharpe, *Hand-list B.*, I, p. 125 (1899) ; Raco-
vitza, *Vie des Animaux antarct.*, p. 18 (1900); Saunders, *Antarctic Manual,
Birds*, p. 229, 236 (1901); Bernacchi, *S. Polar Regions*, p. 62, 315 (1901).
Priocella antarctica Sharpe, *Voy. « Erebus » and « Terror »*, App., p. 36, Pl. XXXIII
(1875).
Thalassœca antarct. B. Sharpe, *Rep. « Southern Cross », Aves* (1902), p. 143 :
Andersson, *loc. cit.* (1905), p. 42; Clarke, *Ibis* (1906), p. 169.

N° 1 ♂. Tué le 5 août 1904 ; longueur, 44 centimètres; envergure,
1 mètre ; iris gris brun : bec brun; tarse blanc bleuâtre.

N° 2 ♂. Tué le 20 août 1904 ; longueur, 47^{cm},3 ; envergure, 1^{m},2 ; iris gris
brun ; bec brun; tarse blanc bleuâtre.

N° 3 ♂. Tué le 20 août 1904 ; longueur, 46^{cm},7 ; envergure, 1^{m},2 ; iris
gris brun; bec brun ; tarse blanc bleuâtre.

N°° 10, 11, 12, 125, 126, 127, sans renseignements.

Quelques Pétrels antarctiques ou Damiers bruns ont été observés sur
les rivages de l'île Booth-Wandel ou en naviguant parmi les glaçons au
mois de février en 1904 et en 1905, à la latitude du cercle polaire 66° 32'.

Comme le Pétrel des Neiges, ils doivent se poser rarement sur les
rochers du rivage.

Pendant les mois d'août et de septembre 1904, au cours de l'hivernage, quand le vent soufflait assez fort du nord-est, ils passaient au vol
le long de la côte de l'île Booth-Wandel en venant du sud, et on en
a tué quelques-uns. L'expédition n'a pas observé leurs nids.

Clarke en signale quelques spécimens aux Orcades, et il ajoute que les
membres de l'Expédition de la « Scotia » pensent que ce Fulmar niche
sur la côte est de la presqu'île Ferguslie, en compagnie du Pigeon

du Cap et du Pétrel des Neiges. Le 1ᵉʳ juin, l'hiver étant très avancé, Bruce aperçut un de ces Oiseaux volant autour de la « Scotia ».

L'Expédition allemande de 1882-1883 et l'Expédition suédoise de 1902 ne l'ont pas signalé dans la Géorgie du Sud. L'estomac des spécimens tués par Sörling dans cet archipel renfermait des becs de Céphalopodes.

11. **Priocella glacialoides** (Smith).

Procellaria glacialoides Smith, *Ill. Zool. S. Afr.*, Aves, p. 51 (1840); Gould, *B. Austr.*, VII, Pl. XLVIII (1848); Buller, *B. N. Zeal.*, p. 301 (1873); Moseley, *Notes nat. « Challenger »*, p. 134 (1879, Tristan da Cunha).

Thalassœca glacialoides Coues, *Proc. Nat. Sc. Philad.* (1866), p. 393; Giglioli, *Faun. Vert., Océano*, p. 47 (1870); Salvin, *P. Z. S.*, 1878 (barrière de glace, Feb.); Moseley, *Notes Nat. « Challenger »*, p. 253 (1879, bords du pack-ice); Buller, *B. N. Zeal.*, 2ⁿᵈ ed., II, p. 228 (1888); Bernacchi, *S. Polar Regions*, p. 315 (1901); Saunders, *Ant. Manual*, p. 230, 236 (1901).

Thalassœca tenuirostris Sharpe, *Phil. Trans.*, CLXIII (vol. suppl.), p. 123 (1879, Kerguelen).

Priocella glacialoides Baird, Brewer and Ridgway, *Water Birds N. Amer.*, II, p. 373 (1884); Salvin, *Cat. B. Brit. Mus.*, XXV, p. 393 (1896); Sharpe, *Hand-list B.*, I, p. 122 (1899).

Tagalassoica glacialoides Borchgrevink, *First on Antarctic Cont.*, p. 65, 66 (1901).

Thalassœca glacialoides B. Sharpe, *Rep. « Southern Cross »* (1902), p. 144; Andersson, *loc. cit.* (1905), p. 43; Clarke, *Ibis* (1906), p. 170.

Nᵒˢ 124, 125, 126, 127. 4 ♂, pris à la ligne le 20 février 1905, au large de l'archipel de Palmer, par 64°40′ latitude sud.

Un jeune sans numéro et sans renseignements.

Ce Fulmar vit aussi bien dans les régions subantarctiques que dans les régions circumpolaires. Ainsi Andersson l'a aperçu le 8 novembre par 57°14′ de latitude sud, au nord de la Terre de Feu, au sud de la Géorgie; le 13 avril par 52°55′, et même au retour de l'Expédition, le 20 juin, par 50°40′ de latitude sud. Sörling le vit à quelque distance de la côte de la Géorgie et parfois dans la baie Cumberland. Un spécimen fut même tué à Boiler-Harbour vers la mi-septembre. Andersson l'a signalé aussi sur le pack-ice, à l'est de la Terre Louis-Philippe, le 3 juin 1902 et au nord des Shetland du sud.

Il paraît avoir été moins fréquent dans les parages de l'île Booth-

Wandel ; le Dr Turquet raconte qu'il a rencontré quelques-uns de ces Oiseaux le 10 janvier 1905, en naviguant dans le détroit de Gerlache, le long des îles de l'Archipel de Palmer (îles Anvers, Brabant, etc.), ainsi que dix jours plus tard, par mauvais temps, au large des mêmes îles. Ce jour-là un grand nombre de ces Oiseaux se posèrent à l'arrière du navire avec des Pigeons du Cap et des Prions, en sorte qu'on put en prendre trois ou quatre à la ligne.

Dans l'été de 1903, le Pétrel a été observé par l'Expédition de la « Scotia » sur la côte nord de l'île Laurie. Quelques spécimens furent encore aperçus en novembre et en décembre, ce qui ferait supposer que quelques paires nichent dans la partie nord de cette île. Cette espèce fut aperçue en nombre le 14 février à la pointe nord-ouest de l'île Coronation.

L'*Antarctic Manual* indique Kerguelen comme un de ses lieux possibles de reproduction ; Andersson l'a trouvé nichant sur les hauteurs du cap Rocquemaurel, dans la Terre Louis-Philippe. Lönnberg pense qu'il est peu probable qu'il ponde à la Géorgie du Sud.

Les nids, d'après Andersson, sont placés sur les rochers élevés, au-dessus des colonies du Manchot antarctique, ou bien sur de petites avancées des falaises, ordinairement à des endroits tout à fait inaccessibles. Ils sont toujours plus nombreux au sommet de la montagne. Ils se composent d'une simple dépression dans le sable ou le gravier. Andersson, de tous ceux qu'il aperçut, ne put en atteindre qu'un seul, dans lequel il n'y avait qu'un œuf, dont il put s'emparer le 27 décembre 1902 ; il contenait déjà un gros embryon. Cet œuf était d'un blanc pur et avait 76 millimètres de long.

Quand Andersson s'en empara, l'Oiseau défendit son œuf à la façon des Oiseaux des tempêtes, en vomissant contre l'intrus un liquide infect.

12. **Majaqueus æquinoctialis** (L.).

Le *Puffin du Cap de Bonne-Espérance* Brisson, *Ornith.*, VI, p. 137 (1860).
Procellaria æquinoctialis Linné, *Syst. Nat.*, I, p. 213 (1766).
Majaqueus æq. Bonaparte, *Comptes rendus*, XLII, p. 768 (1856), et *Consp. Av.*, II, p. 200 (1856) ; Hall., *Ibis* (1900), p. 21.

Le Dr Turquet a rencontré quelques-uns de ces Oiseaux en naviguant au large des îles de l'Archipel Palmer (Anvers, Brabant, etc.), vers le 25 janvier 1905.

De loin, ils paraissent tout noirs, un peu plus gros que les *Megalestris*, avec des ailes plus développées.

Ils se sont montrés très défiants et se sont toujours tenus loin du navire.

13. **Pagodroma nivea** (Gm.).

Le *Pétrel blanc* ou *de neige* Buffon, *Hist. Nat.*, *Oiseaux*, t. X, p. 153 (1786).
Procellaria nivea Gmelin, *Syst. Nat.*, 1, p. 562 (1788); Cassin, *U. S. Expl. Exped.*,
p. 415, Pl. XLII (1858, latitude sud 64° ; longitude ouest 104°).
Pagodroma nivea Coues, *Proc. Ac. Nat. Sc.*, Philad. (1866), p. 160, 171 ; Sharpe,
Voy. « Erebus » and « Terror », App., p. 37, Pl. XXXIV (1875); Salvin, *P. Z.
S.*, 1878, p. 737 (Barrière de glace); Moseley, *Notes Nat. « Challenger »*, p. 253
(1879, pack-ice antarctique); Salvin, *Cat. B. Brit. Mus.*, XXV, p. 419 (1896);
Forbes, *Bull. Liverp. Mus.*, II, p. 48-50 (1899) ; Racovitza, *Vie des Animaux
antarct.*, p. 17 (1900) ; Saunders, *Antarctic Manual*, p. 229 (1901) ; Borchgrevink, *First on Antarct Cont.*, p. 64, 219, 223, 226, 230, 239; Bernacchi, *S. Polar
Regions*, p. 226 (1901); Sharpe, *Rep. « Southern Cross »* (1902), p. 148 ; Andersson,
loc. cit. (1905), p. 44 ; Clarke, *Ibis* (1906), p. 170; Lönnberg, *loc. cit.* (1906),
p. 80.

N° 32 ♀. Tuée le 30 octobre 1904, plage de l'île Booth-Wandel.

N° 33 ♂. Tué le 31 octobre 1904, à l'île Booth-Wandel, avait des parasites sur la tête.

N°ˢ 35 ♀, 36 ♂. Tués sur la plage de l'île Booth-Wandel, le 31 octobre. L'estomac renfermait des Euphausies et, chez le second, des Poissons.

N° 37 juv. ♂. Tué au fusil le 31 octobre à l'île Booth-Wandel et quelques spécimens, adultes et jeunes, sans renseignements.

Le Pétrel des Neiges est certainement parmi les Oiseaux les plus élégants des régions circumpolaires, grâce à son plumage tout entier d'un blanc pur contrastant avec la couleur du bec, des cils et des pattes, qui est noire. L'œil est marron.

K.-A. Andersson, de l'Expédition suédoise, l'a trouvé nichant sur les îles Uruguay, Cockburn, Lockyer; Bruce, à l'île Laurie, dans les Orcades du Sud ; l'Expédition de la « Southern Cross », au cap Adare, dans la Terre Victoria, et Vanhöffen aux monts Gauss, dans la Terre Kaiser Wilhelm II. Le D' Andersson a signalé ses nids au Cap Duse, dans l'île Vegas, à l'ouest de la Terre de Graham, où il vit, le 6 et le 11 octobre, d'énormes troupes de ces animaux se tenant dans les anfractuosités des flancs abruptes de la montagne. On n'a pas trouvé de nids dans l'île Paulet.

Étant donnée la couleur de son plumage, il est certain qu'il doit vivre au milieu des neiges et des glaces ; pourtant il se rencontre aussi dans certaines régions subantarctiques, comme les îles Falkland et la Géorgie du Sud. Von den Steinen a même trouvé des nids du *Pagodroma nivea* sur les hautes montagnes situées dans le voisinage de Royal-Bay. En mai 1902, l'Expédition suédoise en vit de nombreux spécimens dans la baie de Cumberland (Géorgie du Sud).

Aux Orcades, Clarke fait remarquer que c'est non seulement un visiteur d'été, mais encore un hôte d'hiver.

Andersson a constaté sa présence à l'île Paulet pendant l'hivernage de l'Expédition. Les animaux se tenaient volontiers en petites troupes autour du sommet de l'île, où, pendant la nuit, ils faisaient entendre leurs cris et, à certains moments, ce fut le seul Oiseau qui se montrait sur l'île. Pourtant, pendant les périodes des plus grands froids, entre autres pendant presque tout le mois de juin, ils disparaissaient et revenaient régulièrement quand la température était un peu meilleure. Ils ne quittèrent l'île que vers la mi-octobre, pour se rendre probablement dans leurs lieux de reproduction. En hiver, ils se rapprochent des hauts sommets libres de neige, où ils peuvent se poser et s'abriter ; ces conditions leur étaient offertes par les îles Laurie.

Sörling a remarqué qu'ils sont plutôt nombreux loin de la mer. Ils ne visitaient la baie que lorsqu'il y avait des icebergs. Il a constaté alors qu'ils n'attaquent pas les grandes carcasses d'animaux, mais qu'ils préfèrent les petits déchets flottants. Dans la baie, on ne les vit que durant l'hiver, à partir de la première moitié de juillet.

Quand ce Pétrel se trouve sur la glace, il se tient toujours sur les tarses, car il ne peut se poser ou marcher les jambes droites. Il vit de Poissons et de Crustacés.

Ces animaux sont très confiants, puisqu'ils se laissent prendre à la main sur leurs nids, comme l'a constaté l'Expédition allemande de 1882-1883, pour les individus observés couvant dans des crevasses de rochers, sur le mont Gauss.

L'Expédition Charcot en a vu souvent le long du rivage de l'île Booth-Wandel, mais ils n'y étaient pas fixés.

Au mois de janvier 1905, en naviguant à la lisière de la banquise, le long de la Terre de Graham, à peu près sous la latitude du cercle polaire, l'Expédition en aperçut un grand nombre, tournoyant autour des icebergs. Quand ce Pétrel plane silencieusement au-dessus des têtes, il paraît plus blanc que neige, et on ne distingue que trois points noirs, ses deux yeux et son bec. Pendant les mois d'août et de septembre, alors que la banquise était disloquée et que les glaçons avaient été en partie emportés, M. Turquet put en voir de nombreux vols passant le long de l'île Booth-Wandel allant du sud au nord. On put en tuer de nombreux spécimens, et le Dr Turquet put voir que, quand ils sont blessés, ils projettent sur leur plumage un liquide huileux d'odeur infecte, qui laisse des taches ineffaçables. Il fut impossible d'observer leurs nids dans les stations visitées par le « Français ».

D'après les observations d'Andersson, le Pétrel des Neiges construit son nid, très primitif, sur les avancées de rochers les plus hautes et les plus inaccessibles. Le 7 décembre, dans l'île Uruguay, il trouva des œufs renfermant déjà des embryons assez développés. Jamais il ne vit plus d'un œuf par nid.

Quand on s'approche de l'animal, celui-ci ne s'enfuit pas, mais il se retire un peu et lance un liquide huileux sur l'intrus en poussant continuellement des cris perçants.

Souvent les parents quittent leur couvée pendant la journée. Ils la nourrissent de Crustacés. D'après Clarke, quand les jeunes ont à peu près le tiers de leur croissance, ils sont couverts d'un duvet long et soyeux, qui cache presque entièrement les plumes naissantes des ailes et de la queue. Ce duvet, gris violacé sur le dos et la poitrine, est plus foncé sur la tête, mais d'un blanc d'ivoire terne sur l'abdomen (1).

(1) CLARKE, P. Z. S., janvier 1906, Pl. III.

14. **Macronectes gigantea** (Gm.), 1788.

Procellaria gigantea Gmelin, *Syst. Nat.*, I, p. 563 (1788); Gould, *B. Aust.*, VII, p. 45 (1848).
Ossifraga gigantea Giglioli, *Faun. Vert. Oceano*, p. 48 (1870); Sharpe, *Phil. Trans.*, CLXVIII (vol. suppl.), p. 142 (1879, Kerguelen); Salvin, *P. Z. S.*, 1878, p. 737; Mosseley, *Notes Nat.* « Challenger », p. 134 (1879, Tristan da Cunha), p. 180, 183 (île Crozet), p. 205 (Kerguelen), p. 254 (bords du pack-ice); Buller, *B. N. Zeal*, 2nd ed., II, p. 235 (1888); Salvin, *Cat. B. Brit. Mus.*, XXV, p. 422 (1896); Racovitza, *Vie des Animaux Antarct.*, p. 18 (1900); Borch Grevink, *First on Antarctic Cont.*, p. 64 (1901); Saunders, *Antarctic Manual*, p. 231 (1901); Bernacchi, *S. Polar Regions*, p. 73, 316 (1901).
Fulmarus giganteus Steph., *in* Shaw's, *Gen. Zool.*, XIII, p. 237 (1826).
Procellaria ossifraga Forster, *Descr. Anim.*, p. 343 (1844).
Ossifraga gigantea Hall., *Ibis* (1900), p. 25; Sharpe, *Rep.* « Southern Cross » (1902), p. 153; Clarke, *Ibis* (1906), p. 172; Lönnberg, 1906, p. 78.
Macronectes gigantea, N. Richmond, *Pr. biol. Soc. Wash.*, 1905, p. 76.

N° 4 ♂. Blanc.

N° 8 ♂. Gris foncé.

N° 14 ♂. Tué au fusil le 27 avril 1904, à l'île Booth-Wandel, brun grisâtre; iris brun; bec corné; tarse brun bleuâtre; envergure, 1^m,84.

N° 16 ♂. Gris, bec corné; iris brun; pattes brun noirâtre. 1er septembre 1904.

N° 17 ♂. Tué près du navire, 1er septembre 1904. Couleur générale gris brun; iris brun; bec corné; pattes brun noirâtre.

N° 59 ♂. Couleur générale blanche, tué sur Phoque crabier le 12 novembre 1904; iris brun-marron; son estomac renfermait des fragments de viande de Phoque.

N° 63 ♀. Tuée le 14 novembre sur le cadavre d'un Phoque crabier gisant sur la banquise; blanche; iris marron; bec de couleur cornée; couleur générale blanche avec quelques plumes noires sur le dos et les ailes; estomac vide.

N° 70 ♂. Blanc avec quelques plumes noires sur le dos et les ailes; tué sur la banquise le 16 novembre; iris brun-marron.

Une tout enfumée. Deux spécimens sans numéro tout blancs.

Quatre spécimens sans numéro, tout enfumés, dont deux à tête grise.

2 Janvier : Grand Pétrel, tué par Basco. Il avait le dos brun clair, la tête blanchâtre, l'iris nettement gris argenté ou blanc argenté.

Ces grands Pétrels étaient assez répandus autour des îles qui bordent les Terres de Danco et de Graham, mais ils n'avaient pas élu domicile à l'île Booth-Wandel. Leur plumage est très variable. Les individus *gris* sont plus nombreux que les *noirs*; ce sont les *blancs* qui sont les plus rares. Ils sont presque aussi grands qu'une Oie.

Ce Pétrel est un Oiseau antarctique et même subantarctique, puisque sa région de reproduction embrasse aussi bien les îles Falkland que la Nouvelle-Zélande. Sur la Terre Victoria du Sud et sur la Terre Empereur Guillaume II, il est signalé comme visiteur, mais pas comme nicheur. En été et en automne, il étend donc ses migrations très loin vers le sud.

Comme tous les Oiseaux de grande envergure, — quelques-uns mesuraient plus de $2^m,50$, — ces Pétrels ont besoin d'un assez fort élan avant de pouvoir se lancer dans les airs, et ils prennent des allures grotesques avec leurs grandes ailes déployées, leur formidable bec jaune crochu quand ils courent sur leur pattes écartées en compas. On peut les attraper à la course, mais il faut avoir soin d'éviter leurs coups de bec, qui sont dangereux. De même lorsqu'ils prennent terre, il leur faut quelque temps pour carguer leurs énormes ailes traînantes.

Ils sont très craintifs et ne se laissent pas approcher à plus d'une portée de fusil.

D'après Turquet, ils volent le long des rivages à la recherche d'une proie, d'un cadavre de Phoque ou de Balénoptère. Malgré leur voracité, ils paraissent dédaigner ceux des Pingouins et des Cormorans.

Ils se précipitent de tous côtés, en volant ou en nageant, sur les carcasses d'animaux morts et grimpent dessus, les membres et les ailes étendus.

Ils explorent d'abord avec soin les environs par des évolutions répétées, puis commencent ensuite à déchirer leur proie; ils s'attaquent d'abord aux yeux, aux muqueuses et aux orifices naturels. Ils ingurgitent la chair avec une grande avidité et s'en gorgent jusqu'à satiété, à tel point qu'ils ne peuvent plus bouger. C'est à ce moment-là qu'on peut les approcher. Si plusieurs hommes, armés de bâtons, entourent l'endroit où se trouve le cadavre, ils pourront rétrécir peu à peu le cercle sans inquiéter les Oiseaux, jusqu'au moment où ceux-ci n'ont plus assez d'espace pour pouvoir s'envoler. On les tue alors facilement à coup de bâtons. En mourant, ils régurgitent une partie des aliments ingérés, humectés d'un liquide huileux d'une odeur infecte.

Clarke admet que, sur un cadavre, ils se gorgent beaucoup moins qu'on ne le dit. Si on les effraye alors, ils vomissent une partie des aliments, puis ils se sauvent en étendant les ailes sans les agiter et se rendent à l'eau pour nager ; ils agiraient ainsi par habitude, mais non par suite de la difficulté qu'ils éprouveraient à voler.

Après un repas, ils vont toujours à l'eau pour se laver la tête.

Ils ont quitté l'île Booth-Wandel vers le 15 mars.

Pendant l'hiver, ils émigrent comme les autres Oiseaux, et il est rare d'en apercevoir quelques-uns près des rivages.

Clarke affirme qu'il s'en est trouvé autour de la station toute l'année, mais qu'ils étaient moins abondants en hiver qu'en été. Les Oiseaux diminuèrent à partir de mai jusqu'en septembre, époque à laquelle les Oiseaux d'été recommencèrent à arriver. Il estime à 5 000 le nombre de ceux qui étaient à l'île Laurie pendant la saison des amours.

Von den Steinen vit le Pétrel géant commencer à construire son nid en septembre, et il trouva les premiers œufs le 2 novembre. Il décrit la façon curieuse qu'ils ont de se faire la cour et parle du courage avec lequel ils défendent leurs œufs, grâce à leur bec et à leurs vomissements, qu'ils peuvent projeter à plusieurs mètres.

Clarke rapporte qu'on a observé plusieurs rookeries comprenant environ deux cents nids et placées à 100 mètres au-dessus du niveau de la·mer.

Andersson a trouvé de nombreux nids sur l'île Nelson, près du canal de Gerlache, et Bruce les a signalés aussi aux Orcades du Sud.

Les nids ont environ 60 centimètres de diamètre et sont formés de pierres angulaires, d'après Clarke, plates, d'après Andersson, comme celles que choisissent les Manchots.

D'après Hall, à Kerguelen, les nids sont formés par de simples dépressions d'environ 1 mètre de diamètre parmi les tiges brisées d'*Azorella* et dans lesquelles les jeunes sont abrités. Il ajoute que les jeunes, après avoir perdu leur duvet gris, prennent un plumage noir brillant, phase qu'on n'avait jamais observée et qu'il a aperçue à nouveau à 800 milles de Kerguelen. Beaucoup de jeunes, prêts à voler, avaient dans leur estomac de nombreuses langues de Manchots et de Prions.

Les premiers œufs furent pondus le 4 novembre, et Hall n'en trouva qu'un seul par nid, excepté dans deux nids, où ce nombre était de deux. Il suppose qu'ils étaient dus à deux femelles. Pendant l'incubation, l'un des parents est sur le nid, l'autre à côté. Tous deux se laissent approcher de très près, et il fallut les enlever du nid pour prendre les œufs ; ils ne combattirent pas, ne s'éloignèrent pas et n'envoyèrent pas d'huile, mais vomirent le contenu de leur estomac afin d'être plus légers, comme s'ils voulaient prendre leur vol.

Les mesures de quatre-vingts œufs lui donnèrent une moyenne de $103^{mm},8 \times 65^{mm},7$. Il ne put fixer la durée de l'incubation. Andersson a vu un jeune qui prenait sa nourriture dans la bouche d'un parent.

Cet Oiseau se reproduit aussi aux îles Marion.

Les dimensions signalées par Lönnberg sont les suivantes : 104×46 et $104,5 \times 64,5$ pour deux œufs provenant de deux Oiseaux foncés et $101,5 \times 67$ pour un œuf d'Oiseau blanc. Ce dernier est donc plus court et plus épais. Les nids étaient plats, formés de chaumes d'herbes. La nourriture est empruntée aux rookeries de Manchots, car on y trouve toujours des os bien nettoyés et des peaux. Aux Orcades, ce Pétrel est un terrible fléau pour les colonies, car il vole aussi bien les jeunes que les œufs.

Sörling, à la Géorgie du Sud, n'a pas observé les rapts des Ossifrages chez les Manchots, soit parce qu'ils sont plus « civilisés », soit parce que la nourriture a été très abondante. Il dit que généralement ils se tenaient en pleine mer et n'entraient pas dans les fjords, excepté à Cumberland-Bay, où ils étaient attirés par les restes de Baleines.

Cet Oiseau paraît donc avoir appris que l'homme est un dangereux ennemi.

Von den Steinen rapporte que, lorsque l'Expédition allemande de 1882-1883 arriva, les Pétrels géants étaient très confiants ; mais en quelques semaines ils devinrent peureux et craintifs, car ils s'envolaient dès qu'ils apercevaient « la tête d'un homme au-dessus du sommet d'une colline ».

Dans les rookeries, la proportion des Oiseaux blancs atteint à peine 2 p. 100. La couleur de l'animal est d'abord foncée ; il passe par toutes les teintes chocolat, puis du gris au gris clair et au mélange de blanc jusqu'au blanc pur. Ces faits font supposer que des individus de couleurs différentes s'apparient, car Pirie n'a jamais vu deux Oiseaux blancs former un couple.

15. **Daption capensis** (Linn.), 1766.

Le *Pétrel tacheté*, vulgairement appelé *Damier* Brisson, *Ornith.*, VI, p. 146 (1760).
Procellaria capensis Linné, *Syst. Nat.*, p. 213 (1766); Milne-Edwards et Grandidier, *Hist. Madag.*, *Oiseaux*, p. 671 (1885).
Daption capensis Gould, *B. Aust.*, VII, Pl. LIII (1847); Giglioli, *Faun. Vert. Oceano*, p. 46 (1870), Sharpe, *Phil. Trans.*, CLVIII (vol. suppl.), p. 118 (1879, Kerguelen); Moseley, *Notes Nat. « Challenger »*, p. 134 (1879, Tristan da Cunha), p. 183 (Crozet), p. 229 (île Heard); Salvin, *Cat. B. Brit. Mus.*, XXV, p. 428 (1806); Borchgrevink, *First on Antarctic Cont.*, p. 54, 64, 66 (1901); Saunders, *Antarctic Manual*, p. 230 (1901); Hall, *Ibis* 1900, p. 28; Sharpe, *Rep. « Southern Cross »* (1902), p. 157; Clarke, *Ibis* (1906), p. 174; Lönnberg, *loc. cit.* (1906), p. 77.

N°s 117 ♀, 118 ♂, 119 ♂, 120 ♂, 121 ♂. Tous pris à la ligne le 20 février 1905, au large de l'archipel Palmer, par 64° 40′ latitude sud.

Le Pétrel tacheté, vulgairement appelé *Damier*, d'après Brisson, ou Pigeon du Cap, qu'on connaît depuis Dampier, à la fin du xviiᵉ siècle, est un Oiseau familier aux voyageurs de l'Antarctique. C'est un des éléments caractéristique de la faune avienne de ces régions, car ses stations de ponte sont situées au sud du cercle polaire, dans les endroits les plus reculés et les plus inaccessibles de la zone circumpolaire. Mais il se plaît aussi dans des régions plus tempérées, puisqu'on l'a trouvé sur les côtes sud de l'Australie et de la Nouvelle-Zélande, à Kerguelen et à l'île Crozet, près du cap de Bonne-Espérance. Sur les côtes de l'Amérique, il remonte jusqu'à Rio-de-Janeiro du côté de l'est, et jusqu'en Bolivie du côté du Pacifique, ce qui tient probablement au courant froid qui, venant du pôle, remonte le long de la côte occidentale de l'Amérique et rafraîchit l'Océan.

Il a été signalé à la Géorgie du Sud, aux Orcades du Sud, aux îles Shetland et à la Terre de Graham.

D'après Andersson, les limites de son aire de dispersion au sud concordent avec celles d'*Ossifraga gigantea* et *Thalassœca glacialoides*. Tous trois se rencontrent sur le pack-ice antarctique, mais ne nichent que dans les environs de la Terre de Graham. Ils paraissent donc être des Oiseaux subantarctiques, qui ne peuvent trouver dans l'Antarctique une place appropriée que là où les terres s'étendent le plus au nord, comme autour de la Terre de Graham.

Le D' Turquet rapporte que ces Oiseaux sont très répandus dans la région explorée par le « Français », mais ils se tiennent ordinairement à une certaine distance des rivages du côté de la haute mer.

Ils ne sont pas défiants et, pendant la navigation effectuée par le « Français », vers le 1ᵉʳ février 1904, le long des côtés de l'archipel Palmer (îles Brabant, Anvers, etc.), ils allaient et venaient d'un vol rapide à proximité des flancs du navire, ou à peu de distance de l'arrière.

Le 20 janvier, au large de l'île Booth-Wandel, pendant une grosse mer, on put en prendre plusieurs à la ligne à l'arrière du bateau.

Dans le courant de l'hivernage à l'île Booth-Wandel, on n'en vit que quelques exemplaires traversant la baie au vol pendant une tempête. Durant une période de tempêtes, par 66° 30′, à la latitude du cercle polaire, le D' Turquet en vit de nombreux individus qui ramassaient des débris de Crustacés et d'autres animaux mis en liberté par la désagrégation des roches.

On les voit toujours voler en grand nombre autour des navires qui se trouvent au sud de la Terre de Feu et des îles Falkland. Ils se rassemblent par milliers autour des cadavres de Baleines qu'ils dépècent en nageant tout autour sans presque jamais monter sur les carcasses, comme le font les *Ossifraga*. Lorsqu'ils sont repus, ils s'éloignent et se nettoient eux-mêmes, puis se baignent les ailes demi-ouvertes.

Ils plongent volontiers pour chercher les rebuts tombés dans l'eau peu profonde jusqu'à 1 mètre ou 1ᵐ,50, mais n'avalent que lorsqu'ils sont remontés à la surface. Ils ne se tiennent pas les tarses droits comme les Goélands, mais ils se posent sur la glace ou sur la terre à la façon des Fulmars. Quand ils se reposent sur l'eau, ils se cachent le bec sous les ailes.

En été, on les entend crier et piailler nuit et jour pendant qu'ils se repaissent en se battant les uns avec les autres. Ils sont très courageux.

Lönnberg assure qu'ils sont restés tout l'hiver autour du campement de l'Expédition à la Géorgie du Sud, et par milliers, à cause de la nourriture qu'ils trouvaient alors facilement dans le voisinage.

K.-A. Andersson signale leur apparition sur le pack-ice, au nord des Shetland du Sud, du 10 au 20 novembre, à l'est du détroit Brandfield, le 9 et le 10 décembre et, vers la fin de janvier, à l'est de la Terre de Graham, par 64° 30′ de latitude sud et 50° 37′ longitude ouest. Au sud de l'île Paulet, ils apparurent le 21 janvier, et, pendant l'hivernement sur cette île, on les aperçut encore le 11 et le 16 avril; puis ils disparurent pour le reste de l'hiver et ne réapparurent que vers le 15 octobre. Ils ne revinrent en grand nombre, du 5 au 8 novembre, qu'au moment du dégel.

Ce sont donc des visiteurs d'été des Orcades du Sud, et ils sont absents en hiver pendant les mois de juin, juillet, août et septembre. On les voit souvent nageant sur l'eau; jamais ils ne volent au-dessus de la terre, mais ils se tiennent devant les falaises, seulement ils ne le font pas en tournoyant, comme les *Pagodroma nivea*.

Cet animal ne niche pas à la Géorgie du Sud; mais l'Expédition écossaise a trouvé de nombreux nids aux Orcades du Sud, et le Dr Pirie a, le 2 décembre 1903, ramassé pour la première fois des œufs de cet Oiseau si bien connu. Ces animaux étaient si nombreux que Clarke regarde cet archipel comme le centre métropolitain de l'espèce.

Les nids étaient placés sur des roches abruptes, exposées aux vents, à environ 30 mètres au-dessus du niveau de la mer; ils étaient formés de petits cailloux avec un peu de terre et ne contenaient qu'un seul œuf d'un blanc pur, assez grand, comparé à la taille de l'Oiseau. Les nids sont souvent nombreux ensemble et rapprochés les uns des autres, puisque le 5 décembre on put récolter cinquante œufs. Cette récolte est désagréable, car l'Oiseau ne quitte pas son nid et lance jusqu'à 2 ou 3 mètres, et avec une grande précision, sur les vêtements et la figure, un liquide puant à odeur persistante provenant de restes à demi digérés d'*Euphausia*.

Les œufs mesurés avaient un grand diamètre pouvant aller de 56^{mm},5 à 67^{mm},2 et un petit qui variait de 40^{mm},5 à 46^{mm},5. L'incubation a duré quarante-deux jours.

K.-A. Andersson rapporte que le 1er décembre 1902, sur les bords du canal de Gerlache, un matelot découvrit deux nids qu'il attribua au Pigeon du Cap, et il admet que ce matelot n'a pu se tromper, étant donnée la facilité avec laquelle on peut reconnaître ces Oiseaux. Les nids étaient placés sur une haute montagne dans un endroit d'accès très difficile et consistaient en quelques petits cailloux gisant sur le sol. Ils ne contenaient chacun qu'un œuf d'un blanc pur. C'est le seul endroit où on ait trouvé des nids dans ces parages.

Les nids observés étaient tous à ciel ouvert, tandis que ceux que Hall signale à Kerguelen étaient placés dans des trous et des grottes sur le flanc d'une falaise. L'Expédition allemande de la « Gazelle » trouva un de ces œufs placé simplement dans une fente entre deux rochers.

On peut donc de ces faits tirer cette conclusion que le Pigeon du Cap a des habitudes de nidification non seulement variables suivant la région, mais même à Kerguelen.

Les jeunes ont été décrits par Hall et par Clarke. Ils sont dans le premier âge, gris ardoisé en dessus, mais plus pâles et à duvet plus soyeux à la face inférieure. Chez les adultes, Clarke a remarqué deux types de plumage suivant la saison.

16. **Prion desolatus** (Gm.).

Procellaria desolata Gmelin, *Hist. Nat.*, I, p. 562 (1788, habitat *in Insula desolationis*).
Procellaria turtur Banks, *Icon. inéd.*, n° 15.
Prion turtur Gould, *Ann. and Mag. N. H.*, XIII, p. 366 (1844).
Prion desolatus Salvin, *P. Z. S.*, 1878, p. 738 ; *Cat. Birds Brit. Mus.*, XXV, p. 454.
Prion desolatus Hall, *Ibis* (1900), p. 29 ; Reichenow, *Vögel Arikas*, vol. I, p. 34.

N°ˢ 122 ♂, 123 ♂. Pris à la ligne le 20 février 1906, au large de l'archipel de Palmer, par 64° 40′ de latitude sud.

———

Ces deux spécimens rapportés par l'Expédition sont deux adultes qui doivent être rapportés à *P. desolatus* et non à *P. banksi* Gould, car la largeur du bec à la base est moins de 15 millimètres, et les lamelles ne sont pas visibles près de la commissure des mandibules quand le bec est fermé. Leur coloration n'offre rien de spécial, et leurs dimensions sont les suivantes : aile 191, 196 ; queue 95, 100 ; largeur du bec à la base, 13,5, 14 ; culmen 25,5, 26,5 ; tarse 31,31.

Il est incontestable que la largeur du bec est un caractère variable, puisque tous les cinq spécimens montés aux galeries du Muséum et qui proviennent du cap Horn, de la baie Orange, de la Nouvelle-Zélande,

d'Auckland, de l'île Stewart, ont des becs plus étroits que les spécimens
signalés. Le bec de l'un d'eux, de la baie Orange, n'a que 6^{mm},5 de large
sur 22^{mm},5 de long, sans qu'il y ait une diminution correspondante dans
les dimensions des autres parties du corps.

Cette forme représente-t-elle peut-être la forme jeune de *P. banksi*.
L'étude de séries complètes n'ayant pas encore été faite, il est pour le
moment impossible de se prononcer.

L'expédition n'en a vu que quelques individus vers le 20 janvier 1905
pendant un voyage au large de l'archipel Palmer, vers le 63° degré de
latitude sud. La mer étant devenue grosse pendant deux ou trois jours,
quelques-uns de ces Oiseaux vinrent se poser à l'arrière du bateau, en
compagnie de *Thalassœca* et de Pigeons du Cap. On put en capturer trois.

Les habitudes du *Prion desolatus* ont été bien étudiées et décrites par
Hall à l'île Kerguelen et ainsi que celles de *P. banksi* par Sörling à la
Géorgie du Sud (V. Lönnberg). Clarke signale ce dernier aux Orcades.
Andersson (*loc. cit.*, p. 49) signale *P. desolatus* près de la Terre de Feu.

DIOMÉDÉIDÉS.

17. Phœbetria fuliginosa (Gm.).

Diomedea fuliginosa Gmelin, *Syst. Nat.*, 1, p. 568 (1788, habitat *in Maris australis*).
Phœbetria fuliginosa Reich., *Syst. Av. Longip.*, p. V (1852).
Diomedea ful. Borchgrevink, *First on Antarct. Cont.*, p. 53-54 (1901).
Phœbetria fulig. Sharpe, *Report of Coll.* « *Southern Cross* », p. 163 (1902) ; Hall,
    Ibis (1900), p. 18 ; Clarke, *Ibis* (1906), p. 177 ; Salvin, *Cat. of Birds Brit.*
    Mus., XXV, p. 453.

N° 116 ♂. Albatros fuligineux, s'est abattu dans les vergues et est
tombé étourdi sur le pont du navire, le 20 janvier 1905.

L'Albatros fuligineux, signalé à Kerguelen, à la Nouvelle-Zélande, sur
les côtes de l'Australie, au sud du Pacifique, a été rencontré par l'Expédition Charcot à la latitude du cercle polaire (60° 32′), au large de la Terre
de Graham, vers le 12 janvier 1905, au cours d'une tempête qui avait
amené la dislocation de la banquise et la mise en liberté d'un grand
nombre de cadavres de Poissons emprisonnés dans la glace. Cette bonne

aubaine en avait attiré quelques-uns, ainsi que des Damiers et des Pétrels des Neiges.

Vers le 25 janvier, pendant un gros temps, au large de l'archipel Palmer, un *Phœbetria* est venu s'abattre dans les vergues du « Français » et est tombé sur le pont, où il fut capturé.

Son cri, qui au début rappelle celui du chat, ressemble à la fin à une trompette quand il vole le long des rochers à la base desquels il place son nid. D'après Lönnberg, il émet aussi ce même cri quand on approche de son nid.

Hall a étudié à Kerguelen ses habitudes, son nid, ses œufs et ses jeunes.

18. Diomedea exulans L.

Diomedea exulans Linné, *Syst. Nat.*, I, p. 214 (1766); *Rep.* « *Southern Cross* » (1902), p. 160; Clarke, *Ibis* (1906), p. 177; Lönnberg (1906), p. 73.

Le D' Turquet a aperçu, le 2 février 1904, quelques Oiseaux de cette espèce près de l'île Hoseason, non loin de l'archipel Palmer, au cours du voyage de pénétration du « Français » vers les régions polaires. D'après lui, ils ne dépassent pas vers le Sud la limite de la zone des glaces.

Au retour de la croisière vers l'extrême-sud, il en aperçut encore quelques-uns le 25 janvier 1905, au large de l'archipel Palmer.

19. Thalassogeron chlororhyncha (Gm.).

20. Diomedea melanophrys Boie.

Diomedea chlororhyncha Gmelin, *Syst. Nat.*, I, p. 568 (1788).
Thalassogeron chlor. Hall., *Ibis* (1900), p. 18; Clarke, *Ibis* (1906), p. 177.
Diomedea melanophrys Boie *in* Temminck, *Pl. col.* CCCCLVI (1828); Hall., *Ibis* 1900; p. 17; Lönnberg (1906), p. 72; *Rep.* « *Southern Cross* » (1902), p. 161.

Quelques individus de ces deux espèces se trouvaient mêlés à ceux de l'espèce de *P. fuliginosa*, à la latitude du cercle polaire, tandis que le « Français » naviguait dans ces parages vers le 10 janvier 1905.

Le D' Turquet en a aperçu encore quelques-uns vers le 25 janvier non loin des îles de l'archipel Palmer. Il croit pouvoir affirmer que les marins donnent à ces trois espèces le nom de « Malamocs ».

CHIONIIDÉS.

21. **Chionis alba** (Gm.), 1788.

Vaginalis alba Gmelin, *Syst. Nat.*, I, p. 705 (1788).
Chionis vaginalis Temminck, Pl. col. V, Pl. CCCCCIX (1830).
Chionis alba Quoy et Gaimard, *Voy.* « *Uranie* », p. 131, Pl. XXXV (1824); Gould *in* Dar
    vin's, *Voy.* « *Beagle* », *Birds*, p. 118 (1841, Falkland.) ; Sclater, *P. Z. S.*
    (1893), p. 178 (Ireland); Sclater, *Ibis* (1894), p. 497 (Antarctic ice); Tristram, *Ibis*
    (1895), p. 165 (Antarctic Continent); Clarke, *Ibis* (1906), p. 182 ; Lönnberg
    (1906), p. 56.

N° 43 ♀. Tués le 4 novembre 1904, à l'île Booth-Wandel ; iris
marron ; tarses d'un bleuâtre sale.

N° 91 ♂. Tué près du rocher aux Cormorans, 1ᵉʳ décembre ; iris brun-
marron clair ; l'estomac contenait des graviers.

Nᵒˢ 92, 93, 94, 95, ♂, ♀, ♂, ♀. Tués près du rocher aux Cormorans
le 1ᵉʳ décembre ; l'estomac contenait des débris de jaunes d'œufs et de
coquilles d'œufs.

Deux œufs en bon état et un autre (les mesures sont données plus
loin). Ile Booth-Wandel.

———

Les Becs-en-fourreau ou Chioniidés appartiennent uniquement aux
régions antarctiques. Ce groupe comprend les deux genres *Chionis* et
Chionarchus, intéressants par leurs caractères de structure, qui les rapprochent de divers types, en sorte que les spécificateurs se sont montrés
embarrassés pour les classer. Ainsi on les a rangés soit parmi les Gallinacés, soit parmi les Échassiers et les Palmipèdes ; mais, depuis les
travaux de Blainville, de Milne-Edwards et de Kidder, qui ont montré
leurs affinités de structure avec les *Hæmatopus* (Huîtriers), il paraît certain que leur place naturelle doit être soit dans la famille des Totanidés,
soit à côté dans une famille spéciale.

Forster, compagnon de Cook sur la « Resolution » pendant les
années 1772-1775, est le premier qui fut frappé des singularités de cet
Oiseau et les signala à l'attention des naturalistes, car il le recueillit
à l'est de la Terre de Feu, sur les côtes de l'île des États. Quoy et

Gaymard (in *Voyage de l' « Uranie »*) montrèrent, ainsi que Gray, Sclater et Salvin, qu'il fréquente aussi toutes les îles du détroit de Magellan ; Gould, Gray, Abbott, le signalèrent aux îles Falkland ; Lesson, à l'embouchure de la Plata, et même Sclater put, en 1893, montrer un spécimen qui avait été tué sur les côtes d'Irlande ; puis, en 1894, le même auteur le signale dans les glaces antarctiques, « Antarctic ice », tandis que Tristram, in *Ibis*, en parle comme habitant l' « Antarctic Continent ».

Les *Chionis* vivent aussi dans les îles Sandwich australes, comme Eights l'a montré, et dans les îles de la Géorgie du Sud, d'après Pagenstecher et Sörling. Enfin Ross rapporte que l'un des naturalistes qui l'accompagnaient dans son voyage aux mers australes pense que ces animaux nichent sur la terre Louis-Philippe.

D'autre part, l'existence d'animaux très voisins de *Ch. alba* a été prouvée par Hartlaub, Sharpe, Gray pour Kerguelen ; par Hutton pour les îles du Prince-Édouard et l'île Marion, où ils ont une taille et un bec plus faibles que ceux de Kerguelen. Bien que les différences avec *Ch. alba* soient de peu d'importance, Hartlaub les a désignés par un nom spécial, *Ch. minor* ; Kidder et Coues sont même allés plus loin en faisant de cette espèce le type d'un nouveau genre *Chionarchus*, qui comprend en outre une espèce voisine, celle qui habite les îles Crozet (*Ch. crozettensis* Sharpe). Milne-Edwards admet que ces deux dernières espèces ne sont que des races locales de *Ch. alba* et que la colonisation de ces îles si éloignées a dû se faire à une époque où il existait des stations intermédiaires, ou bien grâce aux immenses radeaux d'algues qu'on nomme Kelp, formant des plaines flottantes qui sillonnent ces régions des mers Antarctiques et qui leur ont offert toutes les facilités pour s'irradier vers ces îles lointaines.

Les *Chionis*, quoique pourvus de grandes ailes, s'éloignent peu des rivages sur les bords desquels ils construisent leurs nids. Sörling, à la Géorgie du Sud, a trouvé trois nids avec chacun un jeune ; mais l'Expédition écossaise aux Orcades du Sud a trouvé trois œufs dans les nids, de même que le naturaliste de l'Expédition Charcot à l'île Booth-Wandel. Sur la côte ouest de la baie Cumberland, Sörling a vu que les nids sont situés à 5 ou 6 mètres de hauteur au-dessus de la haute mer, et placés sous de larges pierres ou des blocs, dans des éboulis de la hauteur voisine. Ces nids étaient plats, construits avec quelques chaumes de Tussok (*Poa-cæspitosa*) entremêlés d'algues et de mousses. Dedans et autour du nid, il a trouvé de nombreux débris de Poissons, de coquilles et des algues, le tout émettant une forte odeur de putréfaction.

La présence du naturaliste près du nid n'effrayait pas les parents ; ils couraient, s'approchaient à un demi-mètre de lui pendant qu'il étudiait leur behavior, leur façon de se comporter (fig. 32).

Ils n'émettaient que des sons sourds répétés trois fois pour appeler leurs petits. Ils se laissaient même sans trop d'effroi saisir par les mains, en sorte que Sörling put s'emparer de deux paires et les réduire en captivité en les enfermant dans une cage. La paire qui avait un jeune fut isolée de l'autre. Elle parut se trouver aussi bien qu'auparavant et nourrissait son petit avec du Poisson, de la viande et du pain. Un jour, les deux parents s'enfuirent en laissant le jeune ; mais ils revinrent le même jour pour lui donner à manger, puis le quittèrent définitivement. Seul, le jeune sut manger, sans difficulté, mais, quand on le donna à l'autre paire, celle-ci l'adopta immédiatement et se mit à lui donner à manger comme à son rejeton propre. Bientôt pourtant ceux-ci s'enfuirent aussi, et le jeune ne vécut que quelques semaines. Peut-être que la nourriture ne lui convenait pas. Ces quatre Oiseaux se promenaient autour des cages à Poulets et passaient leurs nuits tout auprès. Ils venaient prendre la nourriture aussi familièrement que les Poules. Sur le toit des cages, on avait pratiqué un réduit où ils allaient d'euxmêmes manger du Poisson. Pendant la journée, ils faisaient de longues courses dans le fjord, mais le soir ils revenaient toujours à leur abri. De temps en temps, ils faisaient une excursion au vaisseau ancré à Boiler Harbour, où on leur donnait de la nourriture. Ils disparurent vers la mi-avril.

Dans la Géorgie du Sud, d'après Sörling, le *Chionis* se nourrit de Poisson, de Mollusque et d'une algue verte poussant sur les pierres laissées à découvert par la marée basse, et qui est probablement une *Ulvacée*. K.-A. Andersson trouve aussi que ces algues constituent une part importante de leur nourriture, mais qu'ils se repaissent en outre des cadavres de Baleines et de Phoques, autour desquels ils se tiennent toujours très nombreux.

Pendant l'été, il n'y en eut que quelques paires qui nichèrent à Cumberland-Bay ; ils quittèrent à la fin d'avril. Après une absence de quelques semaines, ils revinrent bientôt et restèrent alors très nombreux pendant tout l'hiver.

Jamais Sörling ne les vit voler des œufs de Manchots et d'autres Oiseaux, et ses observations concordent avec celles de Von den Steinen.

Les observations faites par l'Expédition Écossaise aux Orcades diffèrent complètement de celles-là. Là, le *Chionis* vit aux dépens des rookeries de Manchots, car il s'empare des Oiseaux morts et des œufs cassés. C'est un rusé voleur, et on l'a vu voler un œuf sous un Oiseau couvant, tout ahuri d'une pareille audace.

K.-A. Andersson dit en propres termes : il volait de préférence les œufs, explorait les excréments des Manchots et s'emparait des restes de leur nourriture et de celle des autres Oiseaux. C'est donc un omnivore.

Il est curieux de constater des mœurs si différentes dans deux habitats relativement peu éloignés, et il serait intéressant de contrôler ces assertions. Les *Chionarchus*, d'après Hall, ont les mêmes mœurs ; ils sont très voraces et mangent volontiers les œufs de Pingouins, de Cormorans et de Goélands.

Les Becs-en-fourreau, très curieux, aiment à examiner tous les objets brillants, et on les entendait souvent tambouriner sur les parties brillantes de la machine.

Pendant les grands froids, il en resta vingt à trente autour de « Scotia Bay ». Ce furent les seules créatures vivantes observées à ces basses températures. Ils se nourrissaient des détritus rejetés du bateau, et l'un d'eux devint si familier qu'il visitait le pont.

Pendant l'hiver, les *Chionis* n'abandonnèrent pas l'Expédition Charcot, et ils vécurent au voisinage de l'installation, en vrais Oiseaux de basse-cour, des restes de la boucherie du bateau ; ils mangeaient même dans la main des hommes et trouvaient dans les détritus de la cuisine une abondante nourriture carnée, qui les a engagés à rester aussi longtemps au sud.

Quand on les étudie, on les voit fréquemment sauter à cloche-pied,
l'un des membres étant replié sous les plumes pour le réchauffer, tandis
que l'autre sert à marcher.

Ces Becs-en-fourreau vivent en bonne intelligence avec les Pingouins
et surtout avec les Cormorans, et M. Charcot les a souvent vus, au
moment de la construction des nids, aller chercher dans les algues
fraîches rapportées de la mer les divers animaux dont ils se montrent très
friands.

Les nids observés par Turquet étaient des plus rudimentaires. Ils
étaient constitués par de simples dépressions placées dans des fentes de
rochers et entourées de quelques plumes. Les œufs, trouvés le 19 décembre,
dans les nids de l'îlot du Large, étaient au nombre de deux ou trois,
comme chez *Chionarchus*. Ils avaient une forme ovoïdo-conique, et ils
étaient d'un blanc terne parsemé de taches d'un gris noirâtre ou brun
foncé et de forme irrégulière; quelques-unes étaient assez larges. Entre
ces taches, on aperçoit un piqueté ou plutôt un réseau brunâtre.

Dimensions : 57,4 × 38,7 millimètres; 54,4 × 37,1 millimètres;
51 × 36,2 millimètres.

Les dimensions indiquées par Clarke sont les suivantes : de 54 à
58 millimètres pour le grand axe et de 37 à 39 millimètres pour le petit
axe. Les œufs du *Chionarchus minor*, d'après Hall (*P. Z. S.*, 1900, p. 6)
avaient 55 × 38 et 60 × 40 millimètres.

Andersson a pu constater que les nids sont difficiles à découvrir. Il en
observa un placé dans une dépression, sous une grosse pierre plate. Il
était fait de plumes de Manchots et renfermait un jeune Poussin tiqueté
de gris.

D'après Hall, le *Chionarchus* sait mettre ses œufs à l'abri dans les
fissures des rochers ou les vieux nids de Pétrels. Les œufs sont toujours
près de l'ouverture et, dès que le parent qui couve entend un bruit, il sort
pour voir ce qui se passe au dehors; plus tard, le jeune en fait autant,
mais afin de se cacher. C'est ce qui explique pourquoi on trouve tant de
nids vides en février à Kerguelen.

Quand les jeunes couraient sur le sol uni, ils ressemblaient, d'après
Sörling, à de jeunes Perdrix ou à de jeunes Cailles, tandis que les adultes,

dans leurs mouvements, rappelaient les Gallinacés ou parfois les Pigeons ; mais, quand ils étaient tranquilles, ils se tenaient plus droits. Leur position favorite était celle sur un pied, et ils pouvaient rester dans cette pose pendant des heures.

Le jeune, en duvet, est un joli petit Oiseau, d'une couleur bleu cendré, plus brillant et plus bleu en dessus, plus foncé et plus gris en dessous. Le dos porte de longues touffes de duvet jaune brun, tandis que, sur les côtés, les touffes sont en partie de couleur chamois et en partie brun noir. En dessous, le duvet long est plus pâle. La tête est finement mouchetée de jaunâtre et de brun noir. Il existe un espace nu au-dessous de l'œil, et la paupière inférieure est blanche. On voit peu à peu apparaître la couleur blanche sur les scapulaires, les grandes couvertures de l'aile et la pointe des rémiges, puis sur les flancs et à la pointe des rectrices. Enfin c'est le dos qui blanchit, puis le ventre et les membres, et enfin la tête et le cou. Le jeune est figuré par Lönnberg (Pl. I) et par Clarke (*P. Z. S.*, 1906, Pl. III).

Je ne signalerai que pour mémoire les deux spécimens suivants, rapportés par l'Expédition, mais qui ne proviennent pas de l'Antarctique.

22. **Podiceps americanus** Garnot.

Podiceps americ. Garnot, *Voy.* « *Coquille* », *Zool.*, 1, p. 599 (1826, Chili, Brésil).

Un spécimen ♂ d'Ushuaïa, capitale de la Terre de Feu Argentine.

Le *Podiceps americanus*, qu'on a souvent confondu avec *P. Rollandi* Quoy et Gaimard, des îles Falkland, appartient au groupe des Pygopodes (Podicipidés). Il est commun au détroit de Magellan et se rencontre depuis le Pérou jusqu'au cap Horn. Les collections du Muséum en renferment des échantillons rapportés du Rio-Grande, au Brésil, par G. Saint-Hilaire, en 1822 ; de Patagonie, par d'Orbigny, en 1831, et de Bolivie en 1834, de Talcahuano, par les naturalistes de la « Zélée » en 1841 ; des

Yungas, par de Castelnau, en 1846, et d'autres recueillis par la Mission au cap Horn en divers points de la Patagonie Australe et de la Terre de Feu, par MM. Hyades, Halm et Sauvinet. Le D'' Pucheran, le premier, a identifié *P. americanus* avec *P. albicollis* de Lesson.

Ce Grèbe américain a été signalé au Chili (Concepcion) par Garnot sous le nom de *P. chilensis*, et par Fraser, Sharpe, Sclater et Lane sous le nom de *P. Rollandi ;* par Gould, à la Terre de Feu et à Buenos-Ayres sous le nom de *P. chilensis*, tandis que, sous le nom de *P. Rollandi*, il a été signalé dans diverses régions du Pérou central (lac de Tungasuka). de l'Uruguay, de la République Argentine, de la Patagonie. Enfin Taczanowski, qui a décrit une forme du centre du Pérou, l'a appelé *P. leucotis*.

23. **Hæmatopus ater** (Less.).

Ostralega atra Lesson, *Traité d'Ornith.*, p. 548 (1831, des Malouines).
H. ater Vieillot et Oudart, *Gal. Ois.*, II, p. 88, p. 230 (1825-1834).

Un échantillon, baie Orange, 27 janvier 1904.

L'Huîtrier noir, de la famille des Charadriidés, a été rencontré dans toute la portion de l'Amérique du Sud comprise entre le Pérou et la Terre de Feu, c'est-à-dire au Chili et en Patagonie, où il paraît très irrégulièrement disséminé. Il a été tué aussi aux îles Malouines.

BIBLIOGRAPHIE

Pagenstecher, Die Vögel Süd-Georgiens, nach der Ausbeute der deutschen Polarstation in 1882 und 1883. *Jahrb. d. wiss. Anstalten Hamburg f. 1884.* Hamburg, 1885.

Report on the « Southern Cross » Collections of Natural History. Londres, 1902.

Andersson (K.-A.), Das höhere Tierleben im Antarktischen Gebiete. *Wiss. Ergebnisse d. Schwed. Südpolar.-Exp. 1901-1903,* vol. V, n° 5. Stockholm, 1905.

Lönneberg, Einar, Die Vögel der Schwedischen Südpolar-Expedition, *ibidem,* vol. V, n° 5.

— Contribution to the Fauna of South Georgia I. Taxon. and biolog. Notes on Vertebrates in *Kungl. Swenska Vetenskapsak. Handlingar.,* vol. XL, n° 5. Stockholm, 1906.

The Antarctic Manual. London, 1901.

Steinen (Karl von den), Allgemeines über die zoologische Thätigkeit und Beobachtungen über das Leben der Robben und Vögel auf Süd-Georgien, *Die internationale Polarforschung 1882-1883;*

— Die Deutschen Expeditionen und ihre *Ergebnisse,* vol. II. Berlin, 1890.

Hall, Robert, Field notes on the Birds of Kerguelen Island. *Ibis,* 1900 p. 1.

Wilson (E.-A.), On the Whales, Seals and Birds of Ross Sea and South Victoria Land. Append. II, to « The Voyage of the « Discovery » by Capt. Robert F. Scott ». Londres, 1905.

— Die Forschungsreise S. M. I. « Gazelle » in den Jahren 1874 bis 1876, III Theil. Zool. und Geol. Berlin, 1889.

Vanhöffen (E.), Die Tierwelt des Südpolarg. Zeitsch. der Ges. f. Erdkunde. Berlin, 1904.

Racovitza (E.), Résultats du voyage de la « Belgica » en 1897, 1898, 1899. *Rapp. scient. Zool.* Anvers, 1903.

— La vie dans l'Antarctique, in *Bull. de la Soc. belge de Géogr.,* 1900, n° 24, p. 189.

Clarke, Wm. Eagle : Ornith. Results of the Scottish national antarctic Expedition.

— On the Birds of the South Orkney Islands. *Ibis,* janvier 1906.

TABLE DES MATIÈRES

EXPLICATION DES PLANCHES

PLANCHE I

Carte indiquant la distribution des rookeries.

PLANCHE II

*Fig. 1. — La mue des jeunes. Le sol est jonché de duvet.
*Fig. 2. — Deux Manchots se saluant.

PLANCHE III

*Fig. 3. — Adulte nourrissant son petit.
*Fig. 4. — Une rookery avec une garderie de jeunes.

PLANCHE IV

*Fig. 5. — Appariement (vue de profil et vue de dos). Le mâle se place sur le dos de la femelle et lui saisit le bec. La femelle replie la queue de côté pour que la copulation puisse s'effectuer.
*Fig. 6. — Un Manchot debout derrière son nid et son œuf.

PLANCHE V

*Fig. 7. — Rookery de Manchots Papous.
*Fig. 8. — Un Manchot « brayant ».
*Fig. 9. — Manchots faisant une ascension.

PLANCHE VI

Fig. 10. — Manchots se rendant visite.
Fig. 11. — Campement sur la glace.
Fig. 12. — Manchot en fuite.
Fig. 13. — Adultes âgés gardant des jeunes.
Fig. 14. — Papous couvant (Voy. fig. 7).

PLANCHE VII

Fig. 15. — Adélie lâchant son caillou pour la construction de son nid.
Fig. 16. — Monôme de Manchots.
Fig. 17. — Jeunes et leurs nourrices.
Fig. 18. — Jeunes en train de muer.

(1) Les quatorze figures marquées d'un astérisque sont seules originales. Les autres sont empruntées à l'ouvrage de M. J. Charcot, *Le « Français » au pôle sud*, et les clichés ont été obligeamment prêtés par l'auteur.

PLANCHE VIII

Fig. 19. — Manchots Adélie.
*Fig. 20. — Course de Manchots.
Fig. 21. — Manchots sortant de l'eau.
Fig. 22. — Un rassemblement.
Fig. 23. — Chemins tracés par les Manchots.

PLANCHE IX

Fig. 24. — Manchots Papous.
Fig. 25. — Manchots se précipitant dans l'eau.
Fig. 26. — Nids de Manchots.
Fig. 27. — Une querelle à propos de cailloux.
Fig. 28. — Dépôt d'une pierre pour le nid.
Fig. 29. — Défense du nid et des œufs.

PLANCHE X

*Fig. 30. — Rookery de Cormorans.
Fig. 31. — Cormorans apportant des Algues.
Fig. 32. — Cormorans, *Chionis* et Pingouins.

PLANCHE XI

Fig. 33. — Rookery avec des jeunes.
Fig. 34. — *Phalacrocorax atriceps.*
Fig. 35. — Cormorans couvant.
Fig. 36. — Jeunes Cormorans en mue.

PLANCHE XII

*Fig. 37. — Nids et jeunes Cormorans.
Fig. 38. — Cormoran revenant chez lui.
Fig. 39. — Un œuf de Cormoran.

PLANCHE XIII

*Fig. 40. — Adulte nourrissant son jeune.
*Fig. 41. — Un couple et ses petits.
Fig. 42. — Nid de *Megalestris.*
Fig. 43. — Deux *Megalestris.*

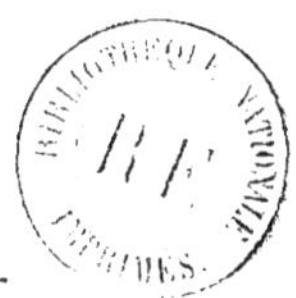

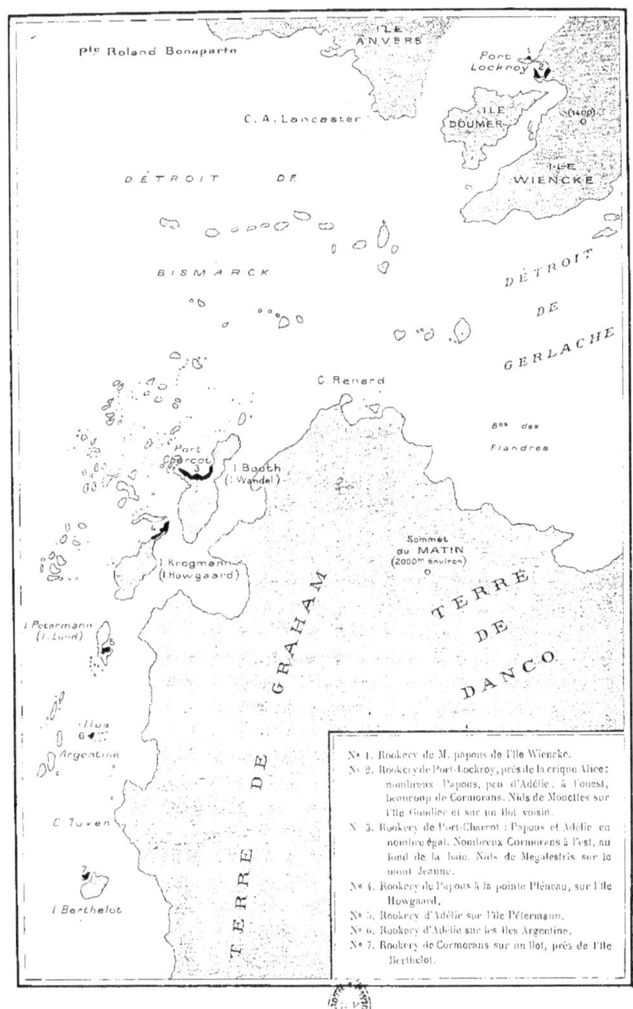

Nº 1. Rookery de M. papous de l'île Wiencke.
Nº 2. Rookery de Port-Lockroy, près de la crique Alice : nombreux Papous, peu d'Adélie ; à l'ouest, beaucoup de Cormorans. Nids de Mouettes sur l'île Goudier et sur un îlot voisin.
N 3. Rookery de Port-Charcot : Papous et Adélie en nombre égal. Nombreux Cormorans à l'est, au fond de la baie. Nids de Megalestris sur le mont Jeanne.
Nº 4. Rookery de Papous à la pointe Pléneau, sur l'île Howgaard.
Nº 5. Rookery d'Adélie sur l'île Pétermann.
Nº 6. Rookery d'Adélie sur les îles Argentine.
Nº 7. Rookery de Cormorans sur un îlot, près de l'île Berthelot.

Fig. 1.

Fig. 2.

Fig. 1. — La mue des jeunes. Le sol est jonché de duvet.
Fig. 2. — Deux Manchots se saluant.

Fig. 3.

Fig. 4.

Fig. 3. — Adulte nourrissant son petit.
Fig. 4. — Une rookery et une garderie de jeunes.

Fig. 5.

Fig. 6.

Fig. 5. — Appariement (vue de profil et vue de dos).
Fig. 6. — Un Manchot debout derrière son nid et son œuf.

Masson et Cie, éditeurs.

Fig. 7.

Fig. 8.   Fig. 9.

Fig. 7. — Rookery de Manchots papous.
Fig. 8. — Un Manchot « brayant ».
Fig. 9. — Manchots faisant une ascension.

Masson et Cⁱᵉ, éditeurs.

Fig. 10.

Fig. 12.

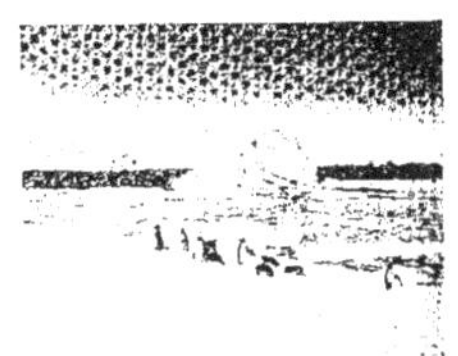

Fig. 11.

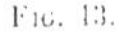

Fig. 13.

Fig. 14.

Fig. 10. — Manchots se rendant visite.
Fig. 11. — Campement sur la glace.
Fig. 12. — Manchot en fuite.
Fig. 13. — Adultes âgés gardant des jeunes.
Fig. 14. — Papous couvant (Voir fig. 7).

Masson et Cie, éditeurs.

Fig. 15.

Fig. 16.

Fig. 17.

Fig. 18.

Fig. 15. — Adélie lâchant son caillou pour la construction de son nid.
Fig. 16. — Monôme de Manchots.
Fig. 17. — Jeunes et leurs nourrices.
Fig. 18. — Jeunes en train de muer (voir fig. 1).

Masson et Cie, éditeurs.

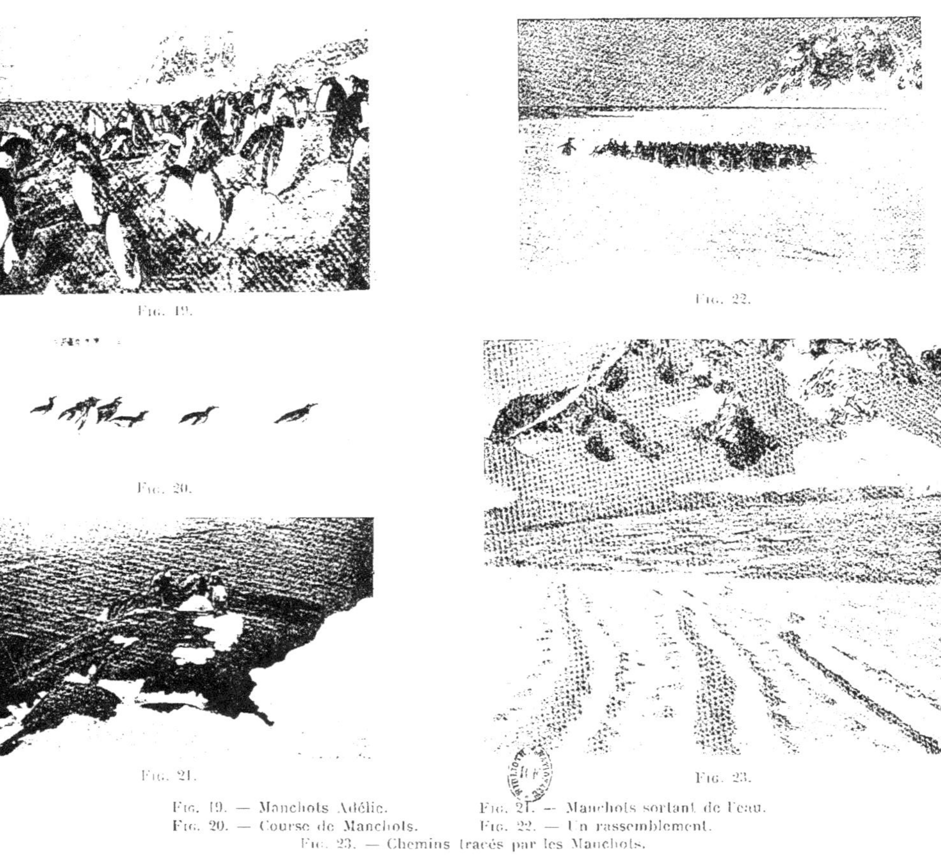

Fig. 19.

Fig. 20.

Fig. 21.

Fig. 22.

Fig. 23.

Fig. 19. — Manchots Adélie.
Fig. 20. — Course de Manchots.
Fig. 21. — Manchots sortant de l'eau.
Fig. 22. — Un rassemblement.
Fig. 23. — Chemins tracés par les Manchots.

Fig. 29.

Fig. 26.

Fig. 28.

Fig. 25.

Fig. 24.

Fig. 27.

Fig. 24. — Manchots papous.
Fig. 25. — Manchots se précipitant dans l'eau.
Fig. 26. — Nids de Manchots.

Fig. 27. — Une querelle à propos de cailloux.
Fig. 28. — Dépôt d'une pierre pour le nid.
Fig. 29. — Défense du nid et des œufs.

Fig. 30.

Fig. 31. Fig. 32.

Fig. 30. -- Rookery des Cormorans.
Fig. 31. — Cormorans apportant des algues.
Fig. 32. — Cormorans, Chionis et Pingouins.

Masson et Cie, éditeurs.

Fig. 31.

Fig. 33.

Fig. 35.

Fig. 36.

Fig. 33. — Rookery avec des jeunes.
Fig. 34. — *Phalacrocorax atriceps.*
Fig. 35. — Cormorans couvant.
Fig. 36. — Jeunes Cormorans en mue.

Masson et Cie, éditeurs.

Fig. 37.

Fig. 38.

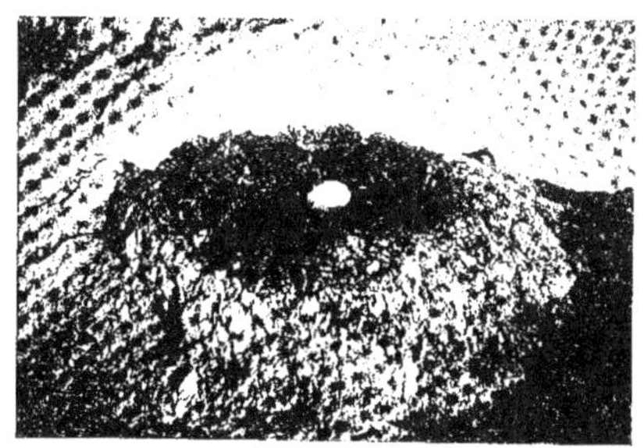

Fig. 39.

Fig. 37. — Nids et jeunes Cormorans.
Fig. 38. — Cormoran revenant chez lui.
Fig. 39. — Un œuf de Cormoran.

Fig. 42. — Nid de *Megalestris*.
Fig. 43. — Deux *Megalestris*.
Fig. 40. — Adulte nourrissant son jeune.
Fig. 41. — Un couple et ses petits.

Masson et Cie, éditeurs.

OISEAUX ET MAMMIFÈRES

(EMBRYONS ET FOETUS)

Par R. ANTHONY

Lorsque l'on parcourt les comptes rendus scientifiques des expéditions qui, pendant ces dernières années, ont exploré les mers antarctiques, on constate que l'attention des naturalistes qui se sont occupés de recueillir des Mammifères et des Oiseaux n'a guère été attirée que par les formes adultes, et, si l'on voit, de temps en temps, des descriptions et des représentations de formes *jeunes*, les formes *embryonnaires* et *foetales* semblent avoir été totalement négligées. On ne saurait trop le regretter, car l'importance qu'il y aurait, tant au point de vue de la Zoologie pure qu'à celui de l'Anatomie générale, à bien connaître les formes embryonnaires de ces animaux si particuliers que sont les *Aptenodytes* et les *Pygoscelis*, par exemple, n'échappe à personne.

La Mission Charcot, par le fait d'une heureuse exception, a rapporté au Muséum d'Histoire naturelle une petite collection, trop peu considérable encore, d'embryons et de foetus d'Oiseaux et de Mammifères appartenant aux espèces suivantes (1) :

(1) Les caractères des formes embryonnaires ou même foetales étant nécessairement très différents de ceux de l'adulte, il m'a été souvent très difficile, pour ne pas dire impossible, de déterminer directement les matériaux qui m'ont été soumis.

J'indiquerai donc, pour chacune des pièces de la collection, la façon dont je suis parvenu à l'identifier, ainsi que le degré de probabilité que j'attache à ma détermination.

Ayant fait reproduire photographiquement et à des échelles très exactes tous mes embryons et foetus, je juge inutile de multiplier les mesures; des mensurations effectuées sur des tissus aussi délicats, plus ou moins déformés par un séjour prolongé dans des liquides conservateurs, ne pourraient d'ailleurs donner que des résultats illusoires.

1° **Pygoscelis papua** (1) Forster.

Le Manchot Papou Sonnerat. Sonnerat, *Voyage à la Nouvelle-Guinée*, p. 181, et
 Pl. CXV, 1776.
Aptenodytes papua Forster. Forster, *Nov. Comm. Götting.*, t. III, p. 140, et Pl. III, 1781.
Papuan Pinguin Latham. Latham, *Gen. Syn.*, III, n° 2, p. 563, 1785.
Apterodita papuæ Scop. Scop., *Del. Flor. et Faun. Insul.*, II, p. 91, 1786.
Aptenodyta papua Forster. Bonnat, *Enc. Méth.*, I, p. 67, Pl. XVII, fig. 3, 1790.
Chrysocoma papua Forster. Stephens *in* Shaw's, *Gen. Zool.*, XIII, p. 50, 1825.
Pygoscelis papua Forster. Wagler, *Isis*, 1832, t. XI, p. 403.
  — *taeniata* Peale. R.-B. Sharpe. Voy. « *Erebus* » *and* « *Terror* », Bd. I, App.,
  p. 31, 1844.
Eudyptes papua Forster. G.-R. Gray, *Gen. of Birds*, 1846. t. III, p. 641.
Aptenodytes taeniata Peale. Peale, *Un. st. Expl. Expéd.*, p. 264, 1848.
Pygoscelis Wagleri Ph.-L. Sclater. Ph.-L. Sclater, *Cat. of the Birds of the Falkland
 Islands, Proceed. zool. Soc. London*, 1860, p. 890, n° 46.
Spheniscus papua Forster. H. Schlegel, *Mus. des Pays-Bas*, 1867. *Urinatores*, p. 5.
Pygoscelis papuensis Van der Hoeven. Van der Hoeven (Gray, *Handlist*, Bd. III
 p. 98, 1871).
Pygosceles taeniatus Coues. Coues, *Proceed. Acad. Phil.*, 1872, p. 195.
  — *taeniatus* Ph.-L. Sclater et O. Salvin. Ph.-L. Sclater et O. Salvin, *Nom. Av.
  neotrop.*, 1873, p. 151.

Matériel rapporté par la Mission :

Un œuf contenant un embryon prêt à éclore. Cet œuf, remis au laboratoire de Mammalogie, m'a été communiqué par M. le professeur Trouessart.

Numéro du Catalogue de la Mission :

N° 762.

Numéro d'entrée au laboratoire de Mammalogie :

N° 1907-410.

Extrait du Registre de M. Turquet, naturaliste de la Mission :

Œuf de Pingouin Papou recueilli dans un nid à l'île Wiencke, le 29 décembre 1904.

Nota. — Nous rappelons, pour mémoire, que la Mission a rapporté également un jeune poussin en duvet de *Pygoscelis papua* Forster (n° 1907-409),
qui a été déterminé et catalogué au laboratoire de Mammalogie. Il n'en
sera question ici qu'à titre de terme de comparaison.

Quand l'œuf en question de *Pygoscelis papua* Forster m'a été communiqué, il était en partie brisé, et, à travers la solution de continuité de
sa coquille, on apercevait le corps d'un embryon très avancé en âge et qui,

(1) Je n'ai pas cru devoir donner la bibliographie zoologique complète des espèces citées au cours
de ce travail, me bornant simplement à indiquer les références de chacun des noms spécifiques
différents appliqués au même animal (Voy. *Catal. Br. Mus. Birds* pour le reste de la bibliographie).

sans doute eût éclos sous peu. Cette solution de continuité paraissait être,
par le fait même de son siège, d'origine accidentelle et non provoquée
par le jeune poussin au moment de sa sortie. Avec la permission de
M. Trouessart, j'ai achevé de briser la coquille de cet œuf. En comparant le jeune Oiseau qu'il contenait, d'une part, au poussin en duvet
(n° 1907-409) que M. Trouessart a bien voulu me permettre d'examiner
aussi comme terme de comparaison, et, d'autre part, aux formes adultes
de cette même espèce, je suis arrivé à en faire une détermination que je
considère comme certaine et que corroborent d'ailleurs les caractères de
l'œuf et les renseignements fournis par le naturaliste de la Mission.

Une fois extrait de l'œuf, le jeune *Pygoscelis* apparut replié sur lui-
même, la tête rabattue sur l'abdomen ; le bec, tourné à droite, était
recouvert de l'aileron droit, et les pattes ramenées en haut et en
avant; l'une d'elles était en contact avec la région antéro-supérieure de
la tête (Voy. Pl. 1, fig. 11).

Une des questions les plus intéressantes qu'on pourrait essayer d'examiner à propos de ce jeune poussin est celle des différences de coloration
de plumage que présentent, suivant l'âge, les individus de cette espèce.

Le plumage du *Pygoscelis papua* Forster adulte est, on le sait, coloré
de la façon suivante : d'une façon générale, les parties dorsales sont gris
noir foncé et les parties ventrales blanches ; la gorge, la région antérieure
du cou, la queue, les ailerons sur leur face extérieure sont noirs, comme le
dos ; ces ailerons, de plus, sont également, sur leur face extérieure, bordés
d'un liséré blanc ; à leur face intérieure, où ils sont colorés en blanc comme
le ventre et présentent une tache noire terminale. La tête, enfin, est traver-
sée d'une bande blanche allant d'un œil à l'autre et passant sur le vertex.

Le corps du jeune *Pygoscelis* (n° 1907-410) était couvert d'un court
duvet. On peut dire que, semblablement à ce qui existe chez l'adulte, ce
duvet était, d'une façon générale, plus foncé sur les régions dorsales que
sur les régions ventrales ; toutefois, alors que chez l'adulte le dos est
franchement noir, la teinte noire du duvet n'était réalisée ici que dans
les régions supérieures et dorsales de la tête ; elle s'atténuait sur le cou,
pour passer au gris sur le dos, lequel devenait de plus en plus clair à me-

sure qu'on s'éloignait des régions médianes. Au voisinage du coccyx, elle était même devenue tellement claire qu'elle se confondait insensiblement avec celle de l'abdomen. D'autre part, la région abdominale ne présentait pas la teinte blanche éclatante de l'adulte, mais était plutôt blanc grisâtre.

D'une façon générale, par conséquent, les parties qui sont noires chez l'adulte paraissaient légèrement atténuées de blanc, et les parties blanches légèrement mélangées de noir, de telle sorte que le tout affectait une couleur grise qui aurait pu paraître, à première vue, presque uniforme, mais qui, à un examen plus attentif, laissait voir avec une grande netteté la limite du dos foncé et du ventre plus clair.

On n'observait pas sur la tête la bande blanche qui, chez l'adulte, la traverse allant d'un œil à l'autre.

De même la tache noire caractéristique siégeant à l'extrémité de l'aileron (face intérieure) était à peine visible ; par contre, le liséré blanc qui le borde existait, quoique moins nettement limité que chez l'adulte, particularité en rapport avec l'atténuation déjà signalée de la couleur noire de la face extérieure de ces ailerons.

Signalons enfin que les joues, la gorge et la région antérieure du cou étaient d'une nuance simplement grise, au lieu d'être nettement noires, comme chez l'adulte ; la limite de la coloration foncée semblait, en cette région, passer un peu au-dessus de l'œil.

Si on compare la livrée de ce poussin non encore sorti de l'œuf à celle de l'autre poussin (n° 1907-409) (1) né, depuis un certain nombre de jours, on constate d'assez notables différences. Notons d'abord que la couleur foncée du dos de ce dernier avait passé du gris au noir franc ; seule la face extérieure des ailerons était encore restée d'une couleur grisâtre bien qu'affectant une nuance beaucoup plus foncée que chez le premier poussin ; le liséré blanc marginal de ces ailerons était plus nettement accusé ; la tache noire de leur extrémité intérieure était aussi maintenant bien visible. Quant à l'abdomen, sa couleur s'était sensiblement éclaircie. Les joues, la gorge et la région antérieure du cou, noires, comme on sait, chez l'adulte, étaient encore de couleur grise, et la limite des parties abdominales claires

____

(1) La longueur de l'aileron depuis le coude jusqu'à l'extrémité était, chez le premier poussin (n° 1907-410), de 21 millimètres et, chez le second (n° 1907-409), de 43 millimètres.

et des parties dorsales foncées suivait le même trajet que chez le poussin précédent, c'est-à-dire qu'elle passait au-dessous de l'œil, au niveau des épaules, puis, se dirigeant obliquement du côté du genou, croisait la jambe pour atteindre finalement l'extrémité du coccyx. Cette limite avait surtout acquis beaucoup de netteté dans les régions postérieures, au niveau de la jambe.

Cette description montre nettement que, chez ce deuxième poussin, la livrée de l'adulte est manifestement en voie de s'établir.

Il est intéressant de comparer cette livrée du jeune *Pygoscelis papua* Forster avec celle du jeune *Pygoscelis Adeliae* Homb. et Jacq.

Au point de vue de la coloration du plumage, le Pingouin de la Terre Adélie adulte diffère surtout du Pingouin Papou par l'absence de la bande blanche interoculaire et du liséré blanc bordant les ailerons. La limite de la région foncée et de la région claire suit à peu près le même trajet dans les deux espèces.

Dans le *Report* sur les Collections d'Histoire naturelle rapportées par le « Southern Cross » des mers antarctiques, M. R.-B. Sharpe (1) représente (Pl. VIII) de très jeunes poussins en duvet de *Pygoscelis Adeliae* Homb. et Jacq. D'autre part, dans les comptes rendus des résultats scientifiques de la *National Antarctic Expedition* (« *Discovery* »), M. E.-A. Wilson (2) représente et décrit (p. 51) les très intéressantes modifications qui se produisent dans le plumage du Pingouin de la Terre Adélie, depuis sa sortie de l'œuf jusqu'à l'âge adulte.

Au début, le jeune animal serait uniformément gris, ayant seulement la tête et le cou noir. Au cours de la première année, il prendrait une livrée très semblable à celle de l'adulte, mais en différant cependant par ce fait que la gorge est blanche au lieu d'être noire, la limite du blanc et du noir passant au-dessous de l'œil. Ce ne serait que plus tard que la gorge et les joues deviendraient noires à leur tour.

Les choses se passent donc à peu près comme chez le Pingouin Papou, avec toutefois cette différence très importante, c'est que, chez ce dernier,

<hr>

(1) R.-B. Sharpe, *Aves*, in *Rep. on the Coll. of. N. H. made in the antarctic regions during the Voy. of the « Southern Cross »*, 1902.
(2) E.-A. Wilson, *Aves*, in *National Antarctic Exped. Nat. Hist.*, 1907.

la démarcation du dos noir et du ventre blanc est *beaucoup plus précoce*, puisqu'elle existe déjà dans l'œuf et est admirable de netteté chez un poussin de quelques jours.

Une autre question très importante à étudier sur les *Pygoscelis* serait aussi celle du développement topographique de leurs bulbes pennigères, c'est-à-dire de l'établissement de leur ptérylosis. Le matériel que j'ai eu entre les mains n'était malheureusement pas suffisant pour me permettre de le faire aussi complètement que je l'aurais désiré.

Les *Spheniscidae*, c'est-à-dire les Oiseaux appartenant aux genres *Spheniscus, Aptenodytes, Eudyptes, Pygoscelis*, présentent, on le sait, une particularité remarquable parmi les Carinates : leur ptérylosis, comme celui des Ratites, est continu, c'est-à-dire que leurs plumes, au lieu de s'insérer en certaines régions limitées symétriques de part et d'autre du corps et séparées par des aptériums ou espaces nus, constituent un revêtement presque absolument continu. Le seul aptérium des *Spheniscidae* est constitué par une étroite bande commençant un peu en avant du cloaque et s'étendant jusqu'au milieu de l'abdomen à peu près. Il serait, on le conçoit, extrêmement important, au point de vue de la connaissance de la phylogénie des *Sphenicidae*, de suivre, au cours de leur développement embryonnaire, la distribution topographique des tubercules sur lesquels naissent plus tard les plumes, et de voir si, à un certain moment, ces tubercules ne constituent pas un ptérylosis discontinu avec aptériums intercalaires.

Fig. 1. — *Schéma de l'aptérium abdominal médian.* — *A,* section du pédicule ombilical; *B,* cloaque ; *C,* coccyx.

Le poussin extrait de l'œuf que j'ai examiné présentait déjà un ptérylosis très semblable à celui de l'adulte ; son aptérium abdominal était cependant particulièrement développé, affectant dans sa partie inférieure une forme élargie autour de l'insertion du pédoncule ombilical (disposition qui doit être commune à tous les poussins, quelle que soit l'espèce à laquelle ils appartiennent). Chez l'adulte, où toute trace de ce dernier a disparu, le ptérylosis abdominal médian est linéaire.

L'étude complète et raisonnée du développement topographique du ptérylosis des *Spheniscidae* nécessiterait un grand nombre d'embryons de tout âge, appartenant aux différentes espèces de ces animaux.

2° Oceanites oceanicus O. Salvin.

Procellaria pelagica Wils. Wils., *Ann. orn.*, III, p. 90, Pl. LX, fig. 6, 1813.
— *oceanica* Kuhl. Kuhl., *Beitr. zool.*, p. 136, Pl. X, fig. 1, 1820, ex *Banks. Icon.*, n° 12.
— *Wilsoni* Ch.-L. Bpt. Ch.-L. Bonaparte, *Journ. Acad. Phil.*, t. III, part II, p. 231, Pl. IX, fig. 2, 1823.
Wilson's Stormy Petrel Nutt. Nutt., *Man. Water-Birds*, p. 322, 1834.
Oceanites Wilsoni Ch.-L. Bpt. Keys. et Blos., *Wirb. Eur.*, p. xliii, p. 322, 1834.
Thalassidroma oceanica Kuhl. Schinz, *Eur. Faun.*, p. 397, et Pl. I, 1840.
Wilson's Petrel Yarr. Yarr., *Brit. Birds*, III, p. 516, 1843.
Thalassidroma Wilsoni Ch.-L. Bpt. J.-J. Audubon, *B. Americ*, Pl. CCCCLX, et éd. in-8, t. VIII, p. 106, Pl. CCCCLX, 1844.
Oceanites oceanica Kuhl. Ch.-L. Bonaparte, *C. R. Acad. des Sc.*, t. XLII, p. 769, 1896.
— *oceanicus* O. Salvin. O. Salvin, Report on Coll. made during the Voyage of « H. M. S. Challenger », Procellariidae (*Proceed. zool. Soc. London*, 1878, p. 735), et *Voyage of « Challenger »*, Procellariidae, p. 141, n° 1.

Matériel rapporté par la Mission :

1° Un embryon recueilli dans l'œuf ;
2° Un embryon recueilli dans l'œuf.

Numéros du Catalogue de la Mission :

1° N° 752 ;
2° N° 656.

Numéros d'entrée au laboratoire :

1° Au laboratoire d'Anatomie comparée : n° 1905-144 ;
2° Au laboratoire de Mammalogie : n° 1907-405.

Extraits du Registre de M. Turquet, naturaliste de la Mission :

1° Embryon d'*Oceanites oceanicus* O. Salvin, trouvé dans un œuf recueilli sur les rochers de l'île Wandel, en novembre 1904 ;
2° Néant.

Ces embryons devaient être déjà d'un certain âge, si l'on en juge par leur aspect extérieur et la coloration de leur bec. Ils étaient couverts d'un duvet formé de rares éléments longs, noirs et raides, disposés suivant un ptérylosis, dont le mauvais état de conservation des tissus ne m'a pas permis d'étudier la topographie.

Les œufs d'*Oceanites oceanicus* O. Salvin qui contenaient ces embryons n'ont pas été recueillis, comme on l'a vu, au nid, mais bien trouvés sur des rochers où ils avaient pu être amenés par des causes accidentelles. Leur identification ne peut donc être absolument certaine, bien que les jeunes embryons qu'ils contenaient aient nettement présenté au bec et aux pattes les caractères du genre et de l'espèce.

3° Phalacrocorax atriceps King.

Phalacrocorax atriceps King. King, *Zool. Journ.*, IV, p. 102, 1828.
— *imperialis* King. King, *Proceed. Zool. Soc.*, 1831, p. 30.
— *carunculatus* Gould. Gould, *Zool. Voy. « Beagle »*, Pl. III, Birds, p. 145, 1841.
— *cirrhatus* Gray. Gray, *List. of B.*, Pl. III, p. 186, 1844.
Graculus cirrhatus Gray. Gray, *Hist. Chili Zool.*, I, p. 490, 1847.
Hypoleucus cirrhatus Gray. Ch.-L. Bonaparte, *Consp. Av.*, p. 174, 1855.
Urile carunculatus Ch.-L. Bpt. Ch.-L. Bonaparte, *Consp. Av.*, p. 176, 1855.
Graculus elegans Philippi. Philippi, *Wiegen. Arch.*, XXIV, p. 305, 1858.
— *carunculatus* Schlegel. Schlegel, *Mus. Pays-Bas*, VI, Pelec, p. 20, 1863.
Halieus atriceps Burm. Burmeister, *Ann. Mus. Nac. Buenos-Ayres*, III, p. 249, 1888.

Matériel rapporté par la Mission :

1° Deux œufs contenant des embryons assez jeunes ;
2° Deux œufs prêts à éclore et dont la coquille avait déjà été brisée par le jeune poussin.

Numéros du Catalogue de la Mission :

1° N° 717 ;
2° N° 734.

Numéros d'entrée au laboratoire de Mammalogie :

1° N° 1909-408 ;
2° N° 1907-407.

Extraits du Registre de M. Turquet, naturaliste de la Mission :

1° OEufs de *Phalacrocorax* recueillis le 11 décembre 1904 à l'île Wandel, dans un nid ;
2° OEufs de *Phalacrocorax* recueillis dans un nid.

Les deux plus jeunes embryons dont l'identification directe n'a pu être faite, mais qui ont été recueillis par le naturaliste de la Mission dans un nid même de *Phalacrocorax atriceps* King, présentaient d'ailleurs très nettement les caractères distinctifs des Cormorans (forme du bec, métatarses courts, hallux réuni par une palmature au deuxième doigt). Ils devaient, autant qu'on en peut juger, avoir une dizaine de jours environ d'incubation. Leur corps était absolument glabre, mais couvert de tubercules marquant la place des plumes futures ; l'agencement de ces tubercules, ou ptérylosis, affectait une disposition à peu près continue, présentant simplement : 1° un aptérium abdominal linéaire en haut et s'élargissant en bas au niveau du pédoncule ombilical, qu'il entourait ; 2° un second aptérium au niveau de la gorge et de la région antéro-supérieure du cou ; 3° un dernier espace sans tubercule, enfin, au niveau du bord antérieur des ailes. Tous ces tubercules n'étaient pas aussi accusés les uns que les autres : ceux correspondant aux rémiges, par exemple, ainsi que ceux correspondant aux rectrices de la queue (six de chaque côté) étaient de beaucoup les plus marqués.

Les deux embryons suivants, également recueillis dans des nids et qui présentaient aussi très nettement les caractères du *Phalacrocorax*, étaient beaucoup plus avancés en âge ; lorsque les œufs qui les contenaient m'ont été soumis, ils présentaient chacun une solution de continuité, par laquelle on apercevait l'extrémité du bec de l'embryon, lequel, arrivé au terme de son développement, avait commencé à briser la coquille.

Avec la permission de M. Trouessart, j'ai pratiqué l'extraction d'un des jeunes Cormorans, le second œuf ayant été conservé tel quel pour les Collections.

Ce jeune poussin était ramassé sur lui-même et dans la position représentée sur la figure V de la Planche I, position absolument identique à celle du jeune *Pygoscelis* décrit plus haut.

Son corps était glabre et couvert de tubercules marquant la place de plumes futures et qui affectaient une disposition identique à celle observée sur les deux embryons précédents.

A titre de comparaison, j'ai examiné un autre jeune Cormoran de la même espèce (même numéro), né depuis quelques heures seulement, et à peine, ainsi qu'on en peut juger par les traces encore existantes de son pédicule ombilical. Il était à peu près semblable au poussin précédent (Voy. fig. VI, Pl. I). Il n'y a pas lieu d'y insister.

4° Chionis alba Gmelin.

White sheath bill. Latham. Latham, *Gen. Syn.*, III, part. I, p. 268, Pl. LXXXIX, 1785.

Vaginalis alba Gmelin. Gmelin, *Syst. Nat.*, 1788, t. I, p. 705.
— *chionis* Latham. Latham, *Ind. Cern.*, 1790, II, p. 774.
Caleoramphus nivalis Dumont. Dumont, *Dict. Sc. nat.*, X, p. 36, 1818.
Chionis alba Gmelin. Quoy et Gaimard, *Voy.* « *Uranie* », p. 131, Pl. XXXV, 1824.
— *Forsteri* Stephens, *in* Shaw's, *Gen. Zool.*, XII, p. 281, 1824.
— *vaginalis* Temm. Temminck, *Pl. Col.*, V, Pl. DIX, 1830.
— *necrophaga* Vieill. Vieill., *Gal. Ois.*, II, p. 146, Pl. CCLVIII, 1834.
— *lactea* Forster. Forster, *Descr. Anim.*, p. 330, et *Icon. inéd.*, p. 125, 1844.

Matériel rapporté par la Mission :

Un œuf contenant un embryon très jeune.

Numéro du Catalogue de la Mission :

N° 755.

Numéro d'entrée au laboratoire d'Anatomie comparée :

N° 1905-139.

Extrait du Registre de M. Turquet, naturaliste de la Mission :

Embryon trouvé dans un œuf de *Chionis alba*, recueilli au nid sur un îlot au voisinage de l'île Wandel, le 19 décembre 1904.

Cet embryon était trop jeune pour qu'on puisse essayer d'y reconnaître des caractères spécifiques ou même génériques quelconques. On est donc obligé de s'en tenir purement et simplement à l'affirmation de M. Turquet, qui l'aurait extrait d'un œuf recueilli *dans un nid* de *Chionis alba* Gmelin. Autant qu'on en peut juger, cet embryon pouvait paraître âgé de six à sept jours au plus. Son corps, de couleur gris clair, était absolument dépourvu de bulbes pennigères. De chaque côté de la queue, néanmoins, on devinait en léger bourrelet, commencement du développement des tubercules correspondant aux rectrices de la queue. Les extrémités étaient en palettes et n'ébauchaient pas encore la forme d'ailes ou de pattes.

5° **Larus dominicanus** Licht.

Black-backed-gull (part) Lath. Latham, *Gen. Syn.*, Pl. III, n° 2, p. 372, 1785.
Larus marinus Lath. Latham, *Ind. Orn.*, II, p. 814, 1790.
— *dominicanus* Licht. Licht., *Verz. d. Doubl.*, p. 82, 1823.
— *fuscus* King. King, *Zool. Journ.*, IV, p. 103, 1828-1829, et *Voy.* « *Advent* » and « *Beagle* », I, p. 541, 1839.
— *flavipes* (part) Temm. Temminck, *Man. d'Orn.*, 2° édit., 4° part., p. 472, 1842.
— *littoreus* Forster. Forster, *Descript. Anim.*, 1844, p. 46.
— *antipodus* Gray. Gray, *Catal. Anser. British Museum*, 1844, p. 169.
Dominicanus antipodus, D. pelagicus, D. vetula, D. vociferus, D. antipodum, D. Verreauxi, D. Fritzei Bruch. Bruch, *Journ. of Ornith.*, 1853, p. 100, et 1855, p. 281.
— *antipodum* Ch.-L. Bpt. Ch.-L. Bonaparte, *Naum.*, p. 211, 1854.

Dominicanus Verreauxi Ch.-L. Bpt. Ch.-L. Bonaparte, *Naum.*, p. 211, 1854, et *Rev. et Mag. zool.*, VII, p. 16, 1855.
— *vetula* Ch.-L. Bpt. Ch.-L. Bonaparte, *Naum.*, p. 211, 1854.
— *pelagicus* Ch.-L. Bpt. Ch.-L. Bonaparte, *Naum.*, p. 211, 1855.
— *Fritzei, D. vetula, D. Azarae, D. pelagicus, D. antipodum* Ch.-L. Bpt. Ch.-L. Bonaparte, *C. R. Acad. des Sc.*, t. XLII, p. 770, 1856, et *Consp. Av.*, 1857, t. II, p. 214.
Clupeilarus Verreauxi Ch.-L. Bpt. Ch.-L. Bonaparte, *C. R. Acad. des Sc.*, t. XLII, p. 770, 1856.
— *antipodum* Ch.-L. Bpt. Ch.-L. Bonaparte, *C. R. Acad. des Sc.*, t. XLII, p. 770, 1856.
Larus vociferus Burm. Burmeister, *Th. Bras.*, III, p. 448, 1856, et *Reise, La Plata*, II, p. 518, 1861.
Lestris antarcticus Ellmann. Ellmann, *Zool.*, p. 747, 1861.
— *fuscus* Ellmann. *Id.*
Larus pacificus Layard. Layard, *Ibis*, p. 245, 1863.
— *azarae* Pelz. Pelz., *Orn. Bras.*, p. 323 et 461, 1871, et *Verh. z. b. Ges. Wien.*, p. 160, 1873.
— *Fritzei* Salvad. Salvad., *Ucc. Born.*, p. 371, 1874.
— *dominicanus* H. Saunders. H. Saunders, Reports on Coll. of Birds made during the voyage of « H. M. S. Challenger », nº 5, Laridae (*Proceed. zool. Soc. London*, 1877, p. 799, nº 14). — Voy. of the « Challenger », Reports on Birds, Laridae, p. 130, nº 14.
Gabiota mayor Azara. Azara, *Apunt.*, III, p. 338, 1882.
Dominicanus litoreus Heine et Reichenberg. Heine et Reichenberg, *Nouv. Mus. Hein*, p. 357, 1890.

Matériel rapporté par la Mission :

Un embryon de *Larus dominicanus* Licht, extrait d'un œuf.

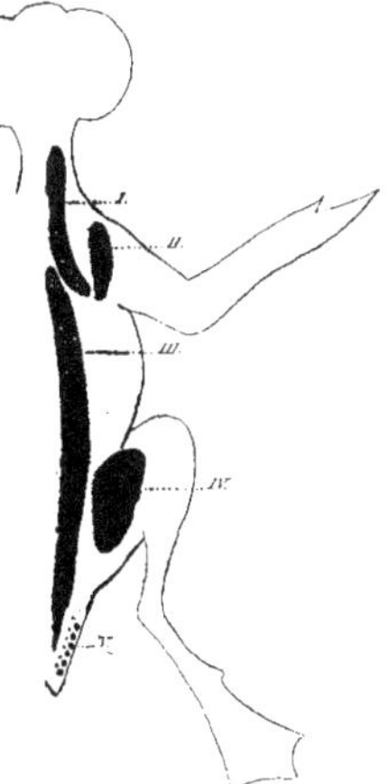

Fig. 2 — *Schéma du ptérylosis. — I* et *III, pterylae* spinaux ; *II, pteryla* scapulo-huméral ; *IV, pteryla* fémoral ; *V*, bulbes pennigères des douze rectrices de la queue.

Numéro du Catalogue de la Mission :
Nº 687.

Numéro d'entrée au laboratoire d'Anatomie comparée :
Nº 1905-143.

Extrait du Registre de M. Turquet, naturaliste de la Mission :
OEuf de *Larus dominicanus* Licht., recueilli au nid, le 10 décembre 1904, à l'île Wandel.

Le fait que M. Turquet a recueilli dans un nid même de *Larus dominicanus* Licht. l'œuf qui contient l'embryon dont il est question ici nous permet d'être sûr de l'identification de ce dernier, bien que nous n'ayons pu, en raison du trop jeune âge de l'animal, constater la présence des caractères spécifiques. Mentionnons seulement la forme spéciale de la patte et du bec, la palmature des doigts 2, 3 et 4, et la liberté de l'hallux, qui, en dehors de tous autres, nous auraient déjà fait songer à un représentant de la famille des *Laridae*.

L'embryon paraissait relativement peu avancé dans son développement ; autant qu'on en peut juger, il ne devait pas avoir plus de sept à huit jours d'incubation.

La peau était glabre, et les bulbes pennigères qu'elle présentait étaient localisés en certaines régions particulières, de telle sorte que, à l'âge où je l'ai observé, le ptérylosis de cet embryon était constitué : 1° de quatre ptérylosis spinaux disposés symétriquement, comme le montre la figure ; 2° de deux ptérylosis scapulo-huméraux très marqués ; 3° de deux ptérylosis fémoraux ; 4° et enfin de deux ptérylosis coccygiens marquant la place des rectrices de la queue ; ils étaient constitués chacun de deux rangées de bulbes pennigères : une première rangée antérieure comprenant six gros bulbes ; une seconde rangée postérieure en comprenant six autres plus petits. Les autres ptérylosis n'avaient pas encore fait leur apparition.

6° Sterna hirundinacea Lesson.

Sterna hirundo Garnot. Garnot, *Ann. Sc. Nat.*, 1826, t. VII, p. 55.
   — *hirundinacea* Lesson. Lesson, *Traité d'Ornith.*, 1831, p. 621.
Hydrocecropis hirundinacea Boie. Boie, *Isis*, p. 179, 1844.
Sterna antarctica Peale. Peale, *Un. St. Expl. Exped.*, 1848, p. 280 (*nec* Less.).
   — *Wilsoni* Burm. Burmeister, *Syst. Ueb.*, III, p. 451, 1856.
   — *meridionalis* Cassin. Cassin, *Un. St. Expl. Exped.*, 1858, p. 385.
   — *Cassini* Ph.-L. Sclater. Ph.-L. Sclater, Cat. of the Birds of the Falkland Islands
      (*Proc. zool. Soc. London*, 1860, p. 391, n° 55).
   — *acutirostris* Tsch. Tsch., *Wiegm. Arch.*, CLXXXIV, Pl. I, p. 389, et *Faun. Per.*
      Av., p. 53, 306.

Matériel rapporté par la Mission :
Un embryon de *Sterna hirundinacea* Lesson.

Numéro du catalogue de la Mission :
N° 745.

Numéro d'entrée au laboratoire d'Anatomie comparée :
N° 1905-144.

Extrait du Registre de M. Turquet, naturaliste de la Mission :
OEuf de *Sterna hirundinacea* Lesson contenant un embryon, recueilli au nid, le 17 décembre 1904, à l'île Wandel.

Cet embryon paraissait être à un stade de développement sensiblement peu moins avancé que le précédent.

Ses téguments, absolument lisses, étaient complètement dépourvus de bulbes pennigères, sauf au coccyx, où l'on voyait à peine indiqués les six gros bulbes des rectrices de la queue.

Aucune identification directe de cet embyron n'était possible. J'ai donc dû m'en tenir à l'affirmation de M. Turquet, qui dit avoir recueilli au nid même l'œuf qui le contenait.

7° Foetus de Pinnipèdes (1).

La Mission Charcot a rapporté au laboratoire d'Anatomie comparée trois foetus de Pinnipèdes de différents âges.

Nous n'avons eu sur ces foetus aucun renseignement ; c'est pourquoi j'ai cru préférable de ne pas en donner ici de détermination précise, me bornant, pour deux d'entre eux (le premier étant trop jeune pour se prêter à quelque identification que ce fût), à une approximation à laquelle je suis parvenu de la façon suivante :

Il est d'abord indubitable que les trois foetus que nous avons eus entre les mains appartenaient à la famille des *Phocidae*, dont les caractères sont si faciles à reconnaître.

Les espèces de *Phocidae* rencontrées par les dernières expéditions qui ont exploré les régions antarctiques et auxquelles nos foetus auraient pu être rapportés sont les suivantes :

Leptonychotes Weddelli Lesson ;

Ogmorhinus leptonyx de Blainville ;

Lobodon carcinophagus Flower et Garson ;

Ommatophoca Rossi Gray.

La Mission Charcot semble avoir rencontré seulement le Phoque de

(1) Ces foetus, ayant séjourné trop longtemps dans des bocaux trop étroits, ont subi des déformations fâcheuses dont il m'a été impossible de faire disparaître les traces. J'ai dû les représenter tels quels (Voy. Planche II).

Weddell et le Phoque crabier. Il semble par conséquent *a priori* très probable que les deux plus gros foetus appartiennent à l'une ou l'autre de ces deux espèces. Le Phoque de Ross et l'*Ogmorhinus leptonyx* de Blainville présentent des caractères extrêmement particuliers, dont je n'ai pas constaté la moindre trace chez les foetus en question.

Les caractères du *Leptonychotes Weddelli* Lesson et ceux du *Lobodon carcinophagus* Fl. et Garson concordent au contraire avec les leurs.

C'est donc, sans aucun doute, à l'une de ces espèces qu'il convient de rapporter les deux jeunes foetus.

J'avais un moment pensé pouvoir arriver à une identification plus précise par l'étude de la forme du crâne et celle des germes dentaires ; mais ni l'une et ni l'autre ne m'ont donné de renseignements suffisants pour me permettre d'être plus affirmatif. Pour ce qui concerne le crâne, en effet, si chez le Phoque crabier adulte il affecte des formes nettement plus allongées, moins trapues que chez le Phoque de Weddell, ces différences doivent être chez le jeune et, à plus forte raison, chez le foetus si atténuées qu'elles deviennent quasiment imperceptibles.

Bref, j'ai cru préférable de m'en tenir aux désignations suivantes :

N° 1. Foetus très jeune de Phocidé.

N° 2. \
N° 3. / Foetus appartenant vraisemblablement à la même espèce, qui ne peut être que le *Leptonychotes Weddelli* Lesson ou le *Lobodon carcinophagus* Flower et Garson.

N° 1.

Longueur approximative (1) : 7 à 8 centimètres.

Sexe : Impossible à déterminer d'une façon certaine en raison du trop jeune âge probablement. ♂.

Téguments : D'une couleur gris jaunâtre très clair.

Phanères : La peau était complètement lisse, dépourvue de poils ; sur la lèvre supérieure elle-même, la moustache n'était pas développée ; on voyait simplement ses ébauches à droite et à gauche de la ligne médiane représentée par deux zones couvertes de cinq à six rangs de tubercules.

(1) Les longueurs de ces foetus de Pinnipèdes sont mesurées en projection, du vertex à l'extrémité de la queue.

Les ongles n'existaient pas encore ; toutefois leurs ébauches paraissaient être dans un état de développement plus avancé aux membres antérieurs qu'aux membres postérieurs.

Organes des sens : Langue bifide ; conduit auditif à peine indiqué ; narines obliques.

Extrémités : Les extrémités, surtout les extrémités antérieures, présentaient un aspect encore très différent de celles des Phoques adultes (Voy. fig. I, Pl. II).

Queue : Courte et arrondie, sans ébauche des ailerons latéraux, dont on constate la présence dans les spécimens suivants.

N° 2.

Longueur approximative : 20 centimètres environ.

Sexe : Impossible à déterminer d'une façon certaine, en raison du trop jeune âge ; probablement. ♀.

Téguments : La peau, d'une couleur gris clair jaunâtre à peu près uniforme, présentait dans la région de la face ou, pour mieux dire, du museau, une teinte de gris plus foncé qui se perdait sur le cou par atténuation progressive. Le cou était, au contraire, d'un gris plus clair sur lequel tranchait assez nettement, d'une part, la teinte plus foncée du museau et, d'autre part, de légères petites taches noires ovalaires, qui paraissaient lui faire suite.

Phanères : La peau était complètement lisse, dépourvue de poils, sauf au-dessus de la bouche, où commençaient à apparaître les moustaches rudes et dures des *Phocidae*. Les ongles étaient au début de leur développement.

Organes des sens : La langue était bifide ; le conduit auditif à peine indiqué ; les narines obliques.

Extrémités : Elles ne présentaient rien de bien particulier et ressemblaient, comme formes, à celle des Phoques adultes.

Queue : La queue enfin présentait une sorte d'ébauche des ailerons latéraux que nous verrons exister avec une beaucoup plus grande netteté dans le spécimen suivant.

N° 3.

Longueur approximative : 30 à 35 centimètres.

Sexe : ♀.

Téguments : D'une couleur gris foncé à peu près homogène.

Phanères : La peau était complètement lisse, dépourvue de poils ; la moustache seule avait pris un développement assez considérable. Les ongles étaient bien développés.

Organes des sens : La langue était bifide, comme dans les exemplaires précédents. J'ai constaté la présence de ce même caractère sur une pièce anatomique rapportée également par la Mission Charcot, et qui devait provenir d'un animal adulte appartenant à la même espèce que les foetus ici décrits. Le conduit auditif était très petit ; les narines obliques.

Extrémités : Ne présentaient rien de particulier.

Queue : La queue enfin, arrondie suivant son axe central, présentait de part et d'autre, dans le plan horizontal, les sortes de petits ailerons latéraux qui caractérisent la queue des *Phocidae* adultes.

Nous allons ouvrir ici une courte parenthèse à propos de l'explication morphogénique possible de la forme très spéciale de cet organe chez les animaux qui nous occupent :

Il paraît actuellement impossible de ne pas admettre que la forme de la région postérieure du corps de tout animal nageur est, pour une très grande part, déterminée par l'action mécanique des eaux dans lesquelles l'animal se déplace. Si l'on traîne longtemps dans un liquide un corps déformable dans sa région postérieure, on s'aperçoit que ce corps finit par prendre une forme effilée à l'arrière ; de même, si on fait monter lentement dans un liquide des bulles d'un autre liquide plus léger et ne se mélangeant pas avec le premier, on voit également que ces bulles prennent une extrémité inférieure effilée dont la forme semble bien véritablement déterminée par les pressions périphériques.

Tout se passe comme s'il en était de même pour les animaux nageurs ; eux aussi ont l'arrière de forme effilée ; mais, dans ce cas, le problème est beaucoup plus complexe, car il ne s'agit plus de déplacements passifs, mais bien de déplacements actifs, dans lesquels la partie postérieure du corps joue un rôle éminemment important.

En effet, si, d'une part, l'on considère la silhouette horizontale (section passant par un plan horizontal) d'un Poisson téléostéen, par exemple, on voit bien qu'elle présente, et à des degrés variables, un arrière très effilé ; mais, d'autre part, si l'on considère sa silhouette verticale (son profil), on voit que son arrière est muni de deux prolongements qui constituent la queue, laquelle a, comme on le sait, un rôle locomoteur actif très important. Si, de ces animaux parfaitement adaptés à la vie dans les eaux, on passe à d'autres organismes menant une existence qui n'est plus exclusivement nageuse, comme l'Hippopotame parmi les Mammifères, par exemple, on constate encore les résultats très nets, quoique bien moins marqués, de l'action morphogénique des pressions liquides : c'est ainsi que la queue de l'Hippopotame, qui ne semble véritablement pas avoir un rôle de direction appréciable, au lieu d'être arrondie comme celle des Mammifères en général, est nettement aplatie dans le sens vertical.

A côté des Poissons téléostéens, qui peuvent être, par exemple, pris comme le type des organismes nageurs dont la queue s'étale dans le plan vertical, il existe d'autres animaux menant une existence analogue, chez lesquels elle s'étale, au contraire, dans le plan horizontal, disposition évidemment en rapport avec des conditions fonctionnelles encore mal connues. C'est, par exemple, le cas des Cétacés, des Siréniens ; c'est celui aussi des Phoques, dont la véritable *queue fonctionnelle* est représentée par les membres postérieurs. Chez ces animaux, l'extrémité postérieure du corps est effilée comme chez tous les autres animaux nageurs : mais, alors que c'est la silhouette horizontale qui, chez les Poissons téléostéens, nous permet d'apprécier cet effilement, chez les Phoques, comme chez les Cétacés, c'est à la silhouette verticale qu'il faut s'adresser.

Les causes qui ont déterminé l'aplatissement de la région postérieure du corps dans le plan horizontal chez les Phoques ont aussi bien agi sur les membres pelviens que sur la queue rudimentaire elle-même, laquelle peut être considérée comme ayant pris de ce fait la forme spéciale décrite plus haut.

LÉGENDE DE LA PLANCHE I

Fig. I. — Jeune poussin de *Pygoscelis papua* Forster, extrait de l'œuf à la fin de l'incubation. Vue postérieure. Grandeur naturelle.

Fig. II. — *Id*. Vue antérieure. Grandeur naturelle.

Fig. III. — Embryon d'*Oceanites oceanicus* O. Salvin. Grandeur naturelle×2.

Fig. IV. — Embryon très jeune de *Phalacrocorax atriceps* King. Grandeur naturelle×2.

Fig. V. — OEuf de *Phalacrocorax atriceps* King, dont la coquille a été brisée par le poussin parvenu au terme de l'incubation. Grandeur naturelle. (Les taches noires que l'on aperçoit à la surface de cet œuf sont des taches de bouc devenues indélébiles.)

Fig. VI. — Jeune poussin de *Phalacrocorax atriceps* King, extrait de l'œuf à la fin de l'incubation. Vue antérieure. Grandeur naturelle.

Fig. VII. — Jeune poussin de *Phalacrocorax atriceps* King, sorti de l'œuf depuis quelques heures à peine. Grandeur naturelle.

Fig. VIII. — Embryon très jeune de *Chionis alba* Gmelin. Grandeur naturelle×2.

Fig. IX. — Embryon très jeune de *Larus dominicanus* Licht. Grandeur naturelle×2. (Les deux embryons représentés dans les figures VIII et IX paraissent noirs en photographie. Cela tient à ce que pour les nécessités de l'étude ils ont été colorés au carmin alunique.)

Fig. X. — Embryon très jeune de *Sterna hirundinacea* Lesson. Grandeur naturelle×2.

LÉGENDE DE LA PLANCHE II

Fig. I. — Foetus de Phoque (sp. ?). Grandeur naturelle. Vue antérieure. — *c*, Section du cordon ombilical ; *g*, papille génitale.

Fig. II. — Foetus de Phoque (sp. ?) avec son placenta. Demi-grandeur naturelle. Vue de trois quarts. — *c*, Cordon ombilical ; *p*, placenta zonaire.

Fig. III. — Foetus de Phoque (sp. ?). Demi-grandeur naturelle. Vue de profil. — *c*, Cordon ombilical ; *q*, queue avec sa forme spéciale.

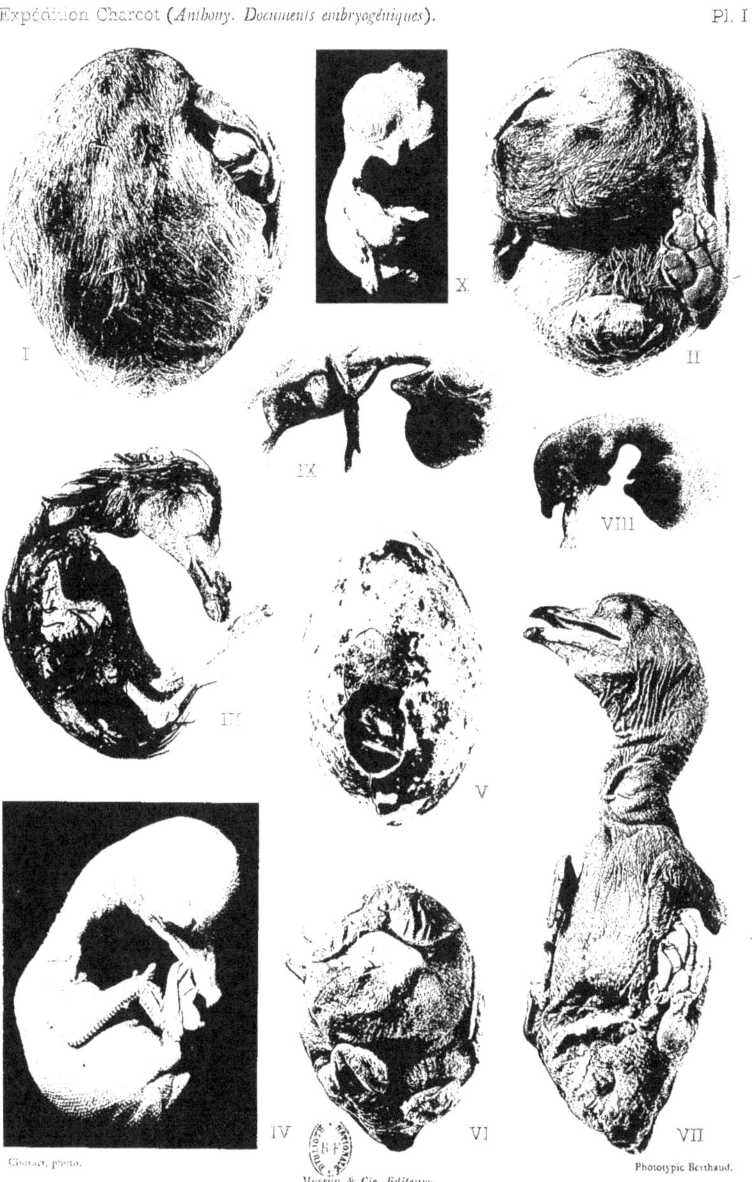

Cinatra, photo.

Masson & Cie, Editeurs.

Phototypie Berthaud.

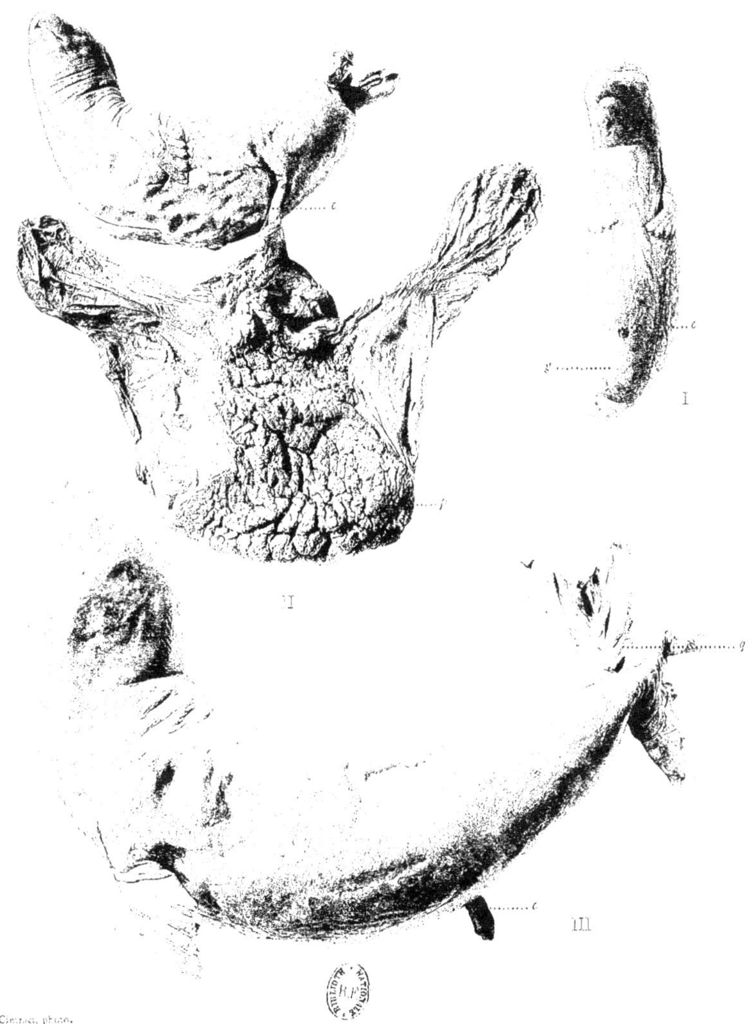

Charcot, phot.

Masson & Cie, Éditeurs.

Corbeil. — Imprimerie ED. CRÉTÉ.

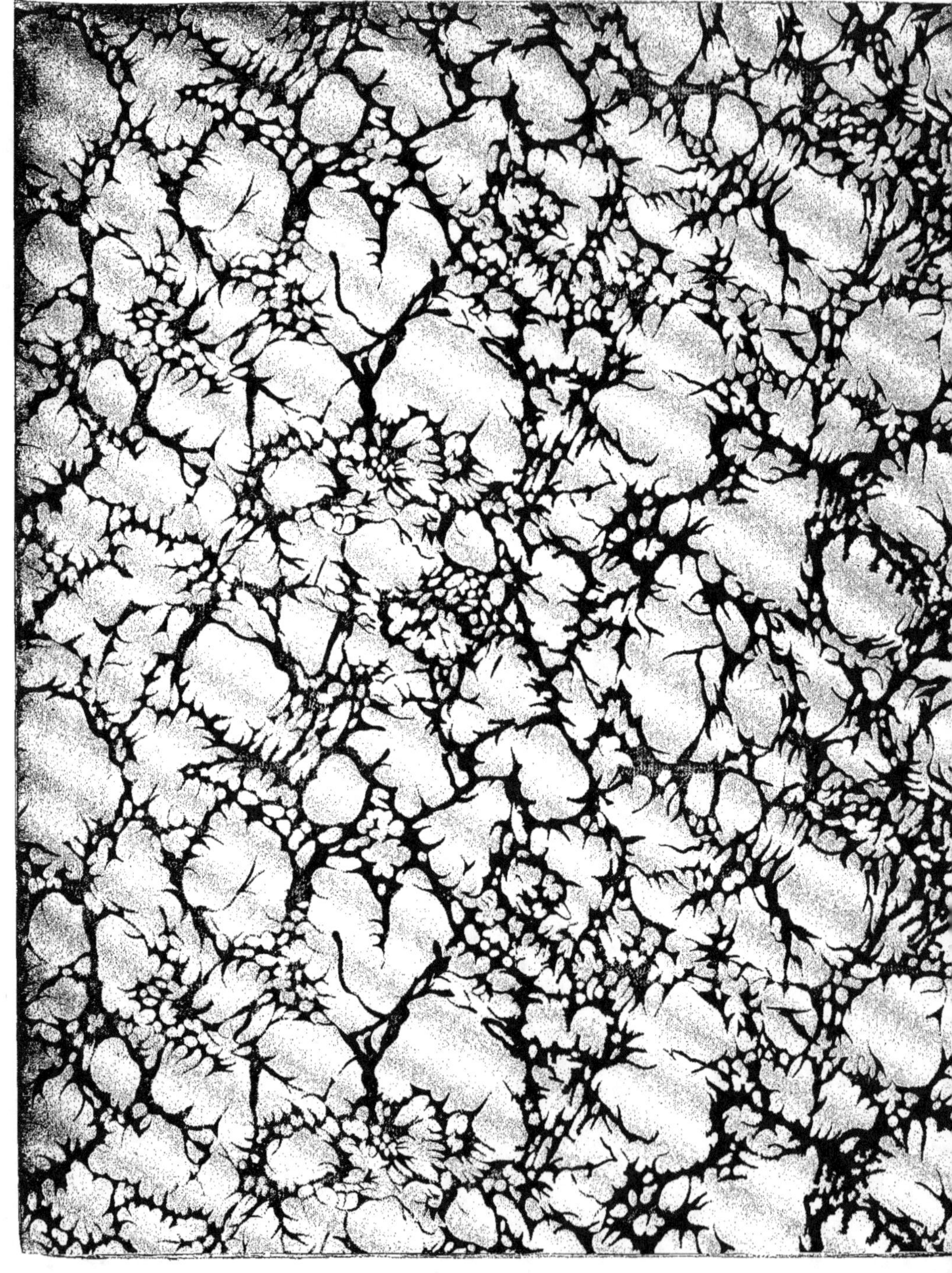

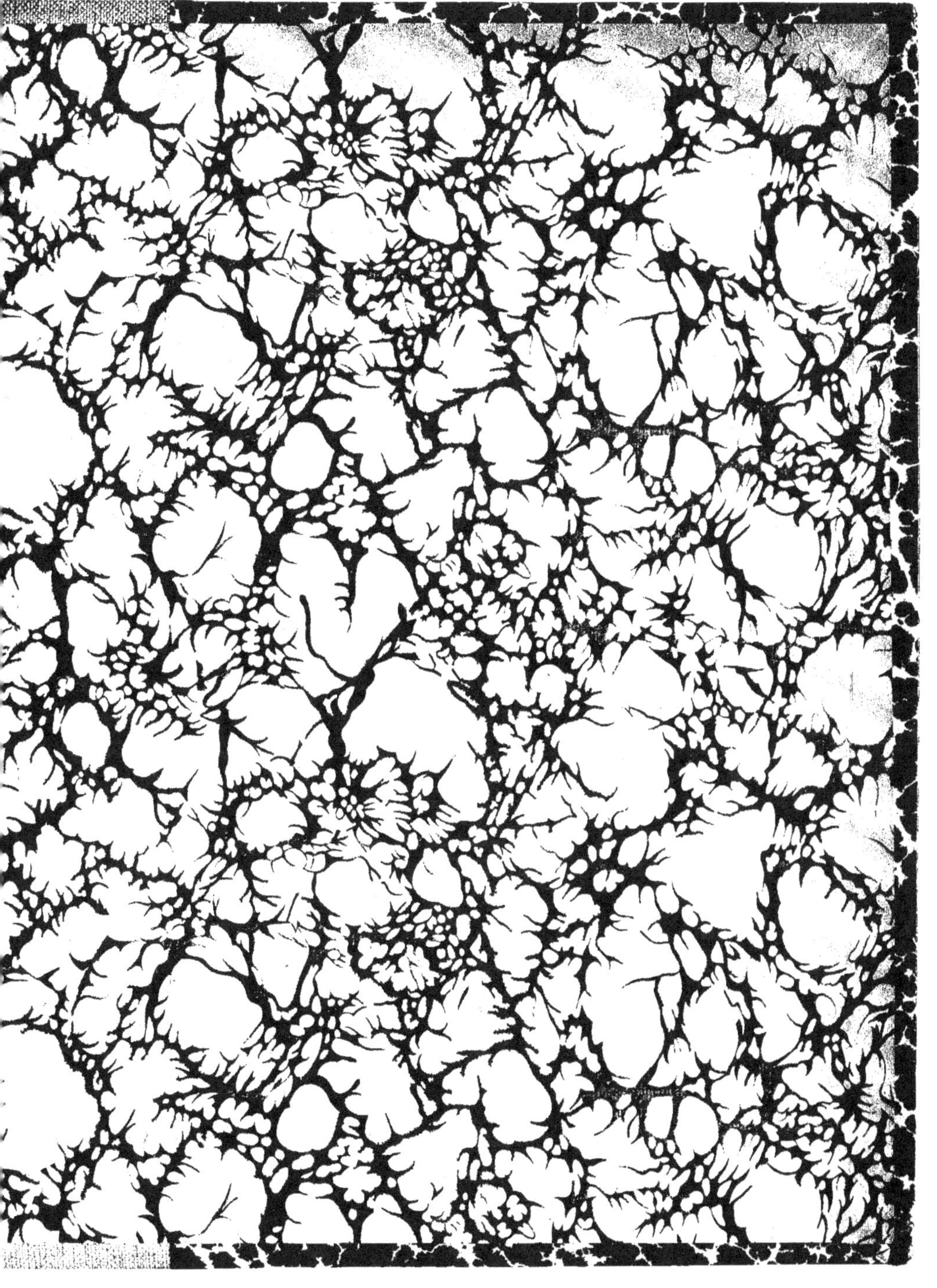

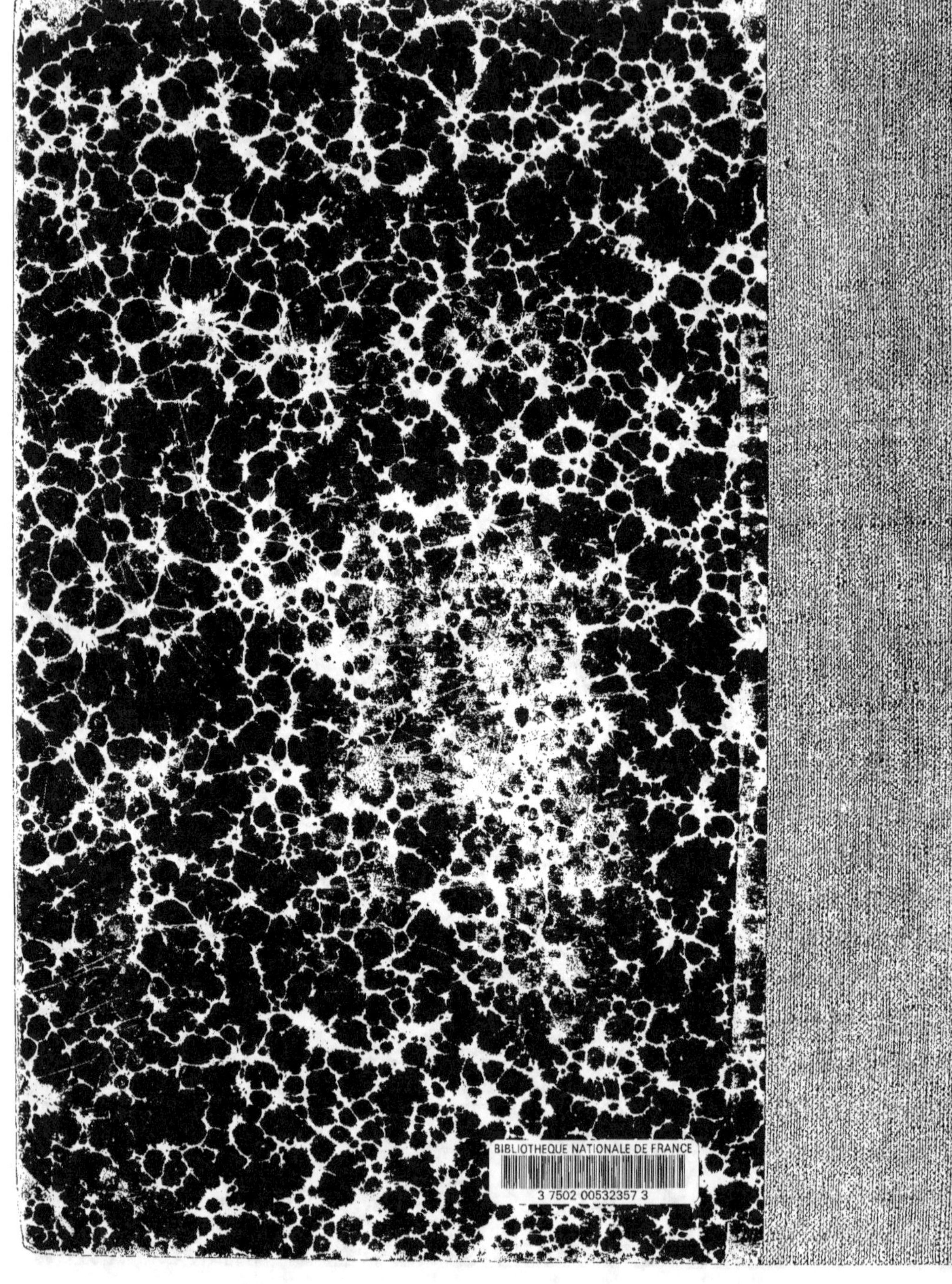